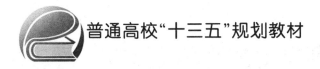

普通高校"十三五"规划教材

MATLAB 基础与应用

（第 3 版）

张　平　吴云洁　夏　洁　袁少强　董小萌　编著

北京航空航天大学出版社

内 容 简 介

本书在介绍 MATLAB 基本知识与运算规则的同时,侧重控制与仿真领域的应用和图形、图像编辑等方面内容,如矩阵运算、符号运算、图形功能、控制系统分析与设计、Simulink 仿真及 MATLAB 与 Simulink 综合应用等;详细给出了 MATLAB 的基本语句、运算功能和常用命令表,特别给出了很多应用实例,包括控制与仿真及较为复杂的综合应用,重点介绍了 MATLAB 与 ADAMS 软件在虚拟样机建模、设计与仿真验证方面的联合应用。本书所有实例都已经作者亲自验证通过。

本书既可作为各高校控制、自动化、电子等相关专业教材或教学参考书,也可供相关专业人员参考使用。

图书在版编目(CIP)数据

MATLAB 基础与应用 / 张平等编著. -- 3 版. -- 北京:
北京航空航天大学出版社,2018.8
ISBN 978 - 7 - 5124 - 2747 - 1

Ⅰ. ①M… Ⅱ. ①张… Ⅲ. ①Matlab 软件—高等学校
—教材 Ⅳ. ①TP317

中国版本图书馆 CIP 数据核字(2018)第 156408 号

MATLAB 基础与应用(第 3 版)
张 平 吴云洁 夏 洁 袁少强 董小萌 编著
责任编辑 冯 颖
*
北京航空航天大学出版社出版发行
北京市海淀区学院路 37 号(邮编 100191) http://www.buaapress.com.cn
发行部电话:(010)82317024 传真:(010)82328026
读者信箱: goodtextbook@126.com 邮购电话:(010)82316936
北京时代华都印刷有限公司印装 各地书店经销
*
开本:787×1 092 1/16 印张:16.25 字数:416 千字
2018 年 9 月第 1 版 2018 年 9 月第 1 次印刷 印数:3 000 册
ISBN 978 - 7 - 5124 - 2747 - 1 定价:39.90 元

前　言

　　MATLAB 软件环境是美国新墨西哥大学的 Cleve Moler 博士首创的,其全称为 MATrix LABoratory(矩阵实验室)。MATLAB 是以 20 世纪七八十年代流行的 LINPACK(线性代数计算)和 ESPACK(特征值计算)软件包为基础发展起来的。MATLAB 软件随着 Windows 环境的发展而迅速发展,其充分利用了 Windows 环境的交互性、多任务功能和图形功能,开发了矩阵的智能和数学可视化表示方式,创建了一种建立在 C 语言基础上的 MATLAB 专用语言,使得矩阵运算、数值运算、数据与图形显示等变得极为简单易行。MATLAB 语言是一种更为抽象的高级数学应用语言,它一方面与 C 语言类似,另一方面又更为接近人的抽象思维,通用性强,便于学习和编程。同时,MATLAB 软件环境还具有很好的开放性,用户可以根据自己的需求,利用 MATLAB 提供的基本工具,灵活地编制和开发自己的程序,并创新的应用;可以自行编制程序,添加新的计算工具箱。

　　MATLAB 从诞生起,就得到国外许多高校师生、科技人员的关注。Moler 博士等一批数学家和软件专家成立了 Mathworks 软件开发公司,对 MATLAB 进行了大规模的扩展与改进。大批美国和其他国家的学者都对 MATLAB 进行了自主开发,以工具箱的形式加入 MATLAB 总体环境。目前在控制应用领域也已经有多种专用工具箱,如有限元分析、控制系统、系统辨识、信号处理、鲁棒控制、μ 分析与综合、模糊控制、神经网络、小波分析、定量反馈理论、多变量频域设计、实时化等。同时,增加了强大的符号运算功能、图形处理功能等,使 MATLAB 的应用更为广泛、深入。近几十年来,MATLAB 已逐步成为国内外大学的通用计算工具,成为工业领域、航空航天领域工程师必不可少的研究与计算工具。MATLAB 软件包目前已在国内大多数高等院校、研究院所得到广泛、深入的应用。

　　MATLAB 的发展极为迅速,每年更新两次版本,本书内容基于 MATLAB R2017a 版本。每一个新版本都对原有版本进行了不同程度的改进:MATLAB 6.0 版本增加了航空航天计算模块,改善了实时化计算模块;MATLAB 7.0 以上版本提供了 MATLAB 与其下层实时仿真计算机 DSPACE 的无缝链接,具备了由 MATLAB 语言直接转为 C 代码进行实时仿真的功能,使 MATLAB 在工程设计和实现方面具有了实用性和竞争优势,受到广大工程设计人员和单位的重视。

　　本书第二版所用的版本是 MATLAB R2006a,到现在已历经了 10 年的更新。与 2015 年前的版本相比,MATLAB R2017a 版本的很多指令都有了较大程度的更改和简化,如矩阵的加法、减法、除法,都变为直接使用＋、－、＊、./和\符号,需要重新介绍。同时,新的版本几乎涵盖了旧版本的全部内容,在新版本下可以打开使用旧版本编辑的软件。

　　今天,MATLAB 已经走出了校园,深入到工业生产、科学研究等各个领域,成为世界范围内公认的可靠性高的高级计算机编程语言,成为众多新型项目开发和产品研制的首选软件虚拟环境,也成为很多专业领域科技人员必须掌握的一门计算机技术。

　　本书介绍了 MATLAB 控制与仿真工具箱的基础知识和基本应用,为学生掌握、运用 MATLAB 语言打下基础。大学本科、专科学生在校学习期间,可以通过学习本书内容、辅助其更好地完成高等数学、微积分、线性代数、微分方程、数值运算、时域仿真和频谱分析等课程的课内外习题。控制工程与自动化类专业的本科生、研究生以及工程研究与技术人员还可利用其进行系统分析、设计、仿真等方面更深入的学习和研究。在掌握本书内容的基础上,用户还可利用它进行二次开发,自主编程,从而进行更为广泛、深入的研究和工程设计工作。

本书重点讲述了 MATLAB 的矩阵运算、符号运算、图形功能、控制系统分析与设计、Simulink 仿真和实时化等方面的内容。每章都详细介绍了 MATLAB 的基本语句与运算功能,给出了简单的应用例题以说明该语句的应用,以及 MATLAB 指令表和应用说明。部分章节给出了较为复杂的应用例题,说明利用基本语句的再次开发过程。本书中还给出了很多控制理论与仿真方面的综合应用例题,丰富了 MATLAB 软件的应用。另外,还开发了 MATLAB 与 ADAMS 软件在虚拟样机方面的联合应用,进一步扩展了 MATLAB 的应用领域。本书在讲解中力求概念清楚,通俗易懂。

本书只涉及 MATLAB 在 Windows 环境下的应用,用户可自行扩展至 Unix、Macintosh 等多种计算机操作系统。

本书程序源代码、习题答案、课件等资料均可通过扫描本页的二维码→关注"北航理工图书"公众号→回复"2747"获得。如有疑问请发送邮件至 goodtextbook@126. com 或拨打 010 - 82317036 联系图书编辑。

本书在 MATLAB 中文论坛设有专门的交流版块,供同行们畅所欲言,相关链接如下:

交流版块:https://www.ilovematlab.cn/forum-271-1.html

程序源代码下载地址:https://www.ilovematlab.cn/thread-554432-1-1.html

勘误地址:https://www.ilovematlab.cn/thread-554433-1-1.html

本书由北京航空航天大学自动化科学与电气工程学院自动控制系教师编写完成。其中第 1 章由张平编写,欧阳光协助;第 2 章由吴云洁编写,李国飞协助;第 3 章由夏洁编写,周锐协助;第 4 章由袁少强编写,毛亦舟协助;第 5 章由张平、董小萌编写,熊笑协助。作者希望本书可以成为读者在学习、研究和工程技术开发过程中友好而实用的辅助工具,也衷心希望读者朋友们可以将您的使用意见和改进建议反馈给我们,作者邮箱 zhp@buaa. edu. cn、xiaj@buaa. edu. cn。

作　者

2018 年 5 月 30 日于北京

北航理工图书

目　　录

第1章 MATLAB 入门与基本运算

本章首先介绍 MATLAB 的基本概念,包括工作空间、目录、路径和文件管理方式、帮助和例题演示功能等;之后重点介绍数组、矩阵和函数的运算规则、命令和调用方式,列举可能得到的结果;由于目前 MATLAB 符号工具箱的应用日益广泛,其强大的符号推导证明功能在工程科技领域具有特殊的辅助作用,故本章最后专门对符号工具箱及其运算进行介绍,并适当结合例题,帮助读者理解和运用。

1.1 MATLAB 环境与文件管理

本书的软件界面与程序用例均采用 MATLAB R2017a 版本。不同版本中的 M 文件没有区别,用户可以自行编制或直接运行本书的例题程序(M 文件)。低于本版本的 Simulink 仿真方框图可以直接打开,但由于它目前不支持中文,所以当低版本的 Simulink 仿真方框图中含有中文时,可能无法打开,用户如果将中文修改为英文字符则无问题。需要注意的是,如果打开的 Simulink 仿真方框图是空的(白板),那么请一定不要保存,否则该图将变成空的。

MATLAB R2017a 需要在 Microsoft Windows 7 以上版本环境下启动运行,全部安装需要 10G 左右的存储空间(如果存储空间不够,可以少安装工具箱)。MATLAB 可以在 Windows 环境下直接安装,但由于占用空间较大,安装时需要启动虚拟光驱。用户启动光盘中的 Setup 安装程序,指定存放 MATLAB 的路径,选择自己需要的工具箱(一般不需要安装所有的工具箱,以减少所需的存储空间),之后程序可以自动完成安装过程。安装完成后,可以直接在桌面上创建快捷方式,如图 1.1(a)所示。应用时在 Windows 环境下直接双击该标记启动 MATLAB。双击后首先出现 MATLAB 的启动页面,如图 1.1(b)所示,然后进入 MATLAB 的功能界面,如图 1.2 所示。

功能界面包含 MATLAB 的三个顶层管理标签:HOME、PLOTS、APPS。

HOME 标签中包括基本管理功能(如搜索文件、建立一个新文件、打开一个已经存在的文件、输入数据、将数据存入工作空间或从工作空间清除数据等),以及 Simulink 工具箱的打开、页面分层显示、help 和学习 MATLAB 等图标,便于用户学习使用。

HOME 标签下的菜单栏中有一个 Layout 按钮。可以选择在当前的工作页面上要显示的功能,如图 1.3 所示。其中单击 Default 按钮可以打开如图 1.2 所示的 MATLAB 的功能界面(默认),进行文件和路径管理。功能界面中间是指令窗口(也称工作空间),按照 Layout 当前选择:左侧显示当前目录下的各个文件以及每个文件的详细解释;运行程序时,右侧显示各个数组变量的变化过程。

HOME 标签下的菜单栏中还有一个 Preferences 按钮,用户可以自行定义数据长度、显示

(a) 计算机主页快捷图标   (b) MATLAB R2017a 启动页面

图 1.1 MATLAB 快捷图标与启动页面

图 1.2 MATLAB 功能界面

的紧凑度、日期以及数据的显示格式与长度、矩阵的长度与宽度等,还可以选择文档中语句的颜色等。

  PLOTS 标签中主要是绘图功能,包括各种绘图工具。虽然也可以给出变量直接绘图,但对于复杂系统的仿真,需要创建系统方框图,将绘图指令直接加在方框图中更为直接方便。一般用户使用的绘图工具都是和系统建模联系在一起的。

  APPS 标签中包括多种应用工具箱,如最优控制、系统辨识、曲线拟合等。用户还可以自行添加新的应用程序和工具箱。这些工具箱可以直接打开,设置参数并进行运算或仿真,有的工具箱还含有默认的参数,如 PID 控制工具箱默认设置为 Kp=1。用户可以自行设置参数。但这些工具箱都是标准格式和参数,如果用户的系统更为复杂,则需要经常在仿真程序中调用工具箱,在主页上直接使用的可能性比较小。

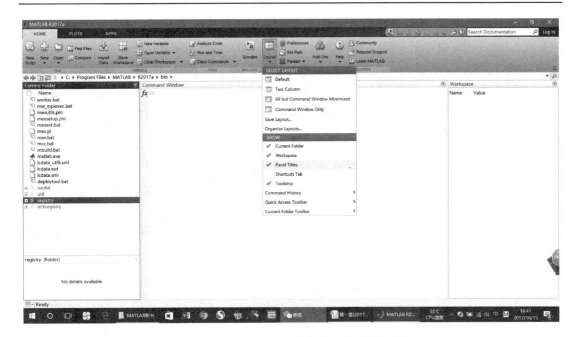

图 1.3　改变 MATLAB 工作空间上显示项目的选项

图 1.3 的第一层和第二层菜单中间是操作和目录选择,用户可以自行选择需要运行的程序的目录,在下面的主页中可以看到目录下的全部文件,从而方便用户选择应用。

依据当前 Layout 选择,MATLAB 工作空间左上方显示 Current Folder,给出了当前目录下的全部文件,用户可以选择打开;左下方是 Detail 栏目,显示所打开的文件的具体描述。用户可及时查询已存在的文件和运行的结果。

如果用户不需要这么多的界面功能,则可分别关闭,仅保留 Current Folder 即可,可以随时寻找需要的文件,也可以只保留指令窗口,利用图 1.3 中第二层菜单进行操作和运算。

MATLAB 启动后,直接进入 MATLAB\bin 子目录,MATLAB 一般不允许在 bin 子目录下建立自己的文件路径,用户需要返回 MATLAB R2017a 根目录下建立自己的子目录。为了避免与 MATLAB 自身的工作程序混淆,最好在根目录下建立自己的子目录。在 MATLAB 环境下,用户可以选择执行扩展名为 .m(MATLAB 语言)和 .mex(C 语言)的文件,以及扩展名为 .mdl 或 .xml(Simulink 方框图)的图形文件。

1.2　基本数据定义与变量管理

启动 MATLAB 直接进入 MATLAB 的指令窗口,即 MATLAB 的基本工作空间。在这里用户可以利用所有 MATLAB 指令进行运算,创建自己的变量、文件、图形等。

1.2.1　建立与查询数据

1. 建立数据

键入指令"x=5; x1=[0.2 1.11 3]; y1=[1 2 3; 4 5 6];"可以建立数 x、一

维数组 x1 和二维矩阵 y1。上述指令中的分号";"表示不在工作空间上显示定义的数组,若将
分号改为逗号,则可以显示全部定义的数组。也可以在上述定义后键入数组名显示该数组的
数据,如键入"x1,"则显示

```
x1 =
    0.2000    1.1100    3.0000
```

键入"y1,"显示

```
y1 =
    1    2    3
    4    5    6
```

MATLAB 还提供了一些简捷方式以有规律地产生数组。例如,键入"xx=1:10,"表示建
立一个数组,从 1 到 10,间隔为 1,获得如下结果:

```
xx =
    1    2    3    4    5    6    7    8    9    10
```

又如,键入"xx=−2:0.5:1,"表示定义数组 xx 从−2 到 1,间隔为 0.5,获得如下结果:

```
xx =
   −2.0000   −1.5000   −1.0000   −0.5000        0    0.5000    1.0000
```

MATLAB 指令 linspace 可以给出等距离数据的定义。指令"x=linspace(d1,d2,n)"即
为定义数组 x 从 d1 到 d2,等距离取 n 个点。例如,键入指令"xx=linspace(−1,1,10),"表示
定义一个数组从−1 到+1,均匀取 10 个点,可获得如下结果:

```
xx =
  Columns 1 through 7
   −1.0000   −0.7778   −0.5556   −0.3333   −0.1111    0.1111    0.3333
  Columns 8 through 10
    0.5556    0.7778    1.0000
```

MATLAB 指令 logspace 可以定义对数坐标的数组。指令"x=logspace(d1,d2,n)"即为
定义数组 x 从 10^{d1} 到 10^{d2},等距离取 n 个点。例如,键入指令"xx=logspace(−1,1,10)",定
义一个数组从 10^{-1} 到 10^{+1},均匀取 10 个点,获得如下结果:

```
xx =
  Columns 1 through 7
    0.1000    0.1668    0.2783    0.4642    0.7743    1.2915    2.1544
  Columns 8 through 10
    3.5938    5.9948   10.0000
```

MATLAB 以列的形式显示结果。上例中由于结果超出指令窗的屏幕范围,第一行中给
出了数组 xx 的 1~7 列,第二行为数组 xx 的 8~10 列。

2. who 和 whos 指令

如果用户想查看工作空间中都有哪些变量名,则可以使用 who 命令来完成。例如,键入
"who",显示结果如下:

```
Your variables are:
x         x1        xx         y1
```

如果用户想了解这些变量的具体细节，则可以使用 whos 命令来查看，如键入"whos"，显示结果如下：

```
Name      Size          Bytes  Class
x         1x1               8  double
x1        1x3              24  double
xx        1x10             80  double
y1        2x3              48  double
```

可见这一命令将列出当前工作空间中全部变量的变量名（Name）、大小（Size）、字节数（Bytes）以及数组维数（Double Array）。

3. exist 指令

如果用户想查询当前的工作空间下是否存在一个变量，则可以调用 exist( ) 函数来完成。该函数的调用格式如下：

```
i = exist('A');
```

式中，A 为要查询的变量名。

返回值 i 表示 A 存在的形式：

i＝0　　　　表示 A 不存在；

i＝1　　　　表示在当前工作空间下存在一个名为 A 的变量；

i＝2～8　给出了变量作为文件、函数等的各种信息。

还可以利用 help 指令查询，键入"help exist"即可。如果 A 是一个变量、数组或矩阵，则也可以直接键入 A；如果该变量存在，则显示其内容；如果该变量不存在，则给出改变量不存在的信息。

4. clear 和 clc 指令

用户可以调用 clear 指令来删除一些不再使用的变量，从而使得整个工作空间更简洁。例如，指令"clear x1 y1"将删除 x1 和 y1 变量。但应当注意，在这一命令下 x1 与 y1 之间不能加逗号，否则该命令就会被错误地解释成删除 x1 变量，然后开始下一个语句（其内容为 y1），而该语句也将被错误地解释成将 y1 变量的内容显示出来，这样 y1 变量就不会被删除了。

如果用户想删除整个工作空间中所有的变量，则可以使用 clear 命令，在该命令后面不用加任何参数。应当特别注意，一旦使用 clear 命令，MATLAB 工作空间中的全部变量将被无条件删除！系统不会要求你确认这个命令，所有变量都被直接清除且不能恢复！

一般来讲，如果需要运行一个较为复杂的文件，最好在文件开头利用 clear 命令清空工作空间，否则可能会有以前遗留的一些变量与你定义的变量冲突（如产生维数不同、名字相同的数组），从而影响计算结果。

clc 指令用于清除工作空间中所有的指令和结果。

5. format 指令

在 MATLAB 的工作空间中显示数值结果，需要遵循一定的规则。在默认的情况下，当结果是整数时,MATLAB 将它作为整数显示;当结果是实数时,MATLAB 以小数点后 4 位的精度近似显示。如果结果中的有效数字超出了这一范围,则 MATLAB 以类似于计算器的计数法来显示结果。用户可以通过键入适当的 MATLAB 命令来选择数值格式,从而取代默认格式。例如,键入取数指令"a＝215/6",在 MATLAB 工作空间中将显示如下结果:

```
a =
    35.8333
```

表 1.1 中给出了不同命令下的数据显示结果。

表 1.1　数据格式命令说明

命　令	数据显示	说　明
Format long	35.83333333333336	16 位
Format short e	35.833e＋01	5 位加指数
Format long e	35.83333333333334e＋01	16 位加指数
Format short g	35.833	仅用 5 位数表示
Format long g	35.8333333333333	用 15 位数表示
Format hex	4041eaaaaaaaaaab	十六进制
Format bank	35.83	2 个十进制位
Format ＋	＋	正、负或零
Format rat	215/6	有理数近似
Format short	35.8333	默认显示

需要注意的是,在选择不同的数据格式时,MATLAB 并不改变数字的大小,只改变显示形式。一旦键入了上述某个指令,则在工作空间内的所有数据均表示为上述格式。利用 help format 命令还可以获得关于数据格式的更为详细的信息。

1.2.2　在线查询与功能演示

MATLAB 的指令繁多,为了帮助用户找到命令,MATLAB 通过其在线帮助功能提供帮助。这些功能有三种形式:help 命令、lookfor 命令以及交互使用 help 菜单条。

1. help 命令

如果知道要寻求帮助的标题,使用 help 命令是获得帮助最简单的方式。只要这个标题存在,键入 help 标题,就能显示关于该标题的帮助信息。例如,需了解求平方根(指令 sqrt)的功能和使用方式,键入"help sqrt",将会显示

```
sqrt - 平方根
```

此 MATLAB 函数返回数组 X 中每个元素的平方根。对于数组 X 中的负元素或复数元素,sqrt(X)生成复数结果:

```
B = sqrt(X)
See also nthroot, realsqrt, sqrtm
Reference page for sqrt
Other functions named sqrt
```

上面的解释表明,MATLAB R2017a 已经部分使用中文进行指令的解释,在给出本条指令的同时,还给出了与其相关的其他指令,便于用户进行深入查询。

2. lookfor 命令

lookfor 命令可以根据关键词提供帮助。用户给出需要查询的关键词,MATLAB 自行搜索所有 MATLAB help 标题,以及 MATLAB 搜索路径中 M 文件的第一行,返回结果包含所指定关键词的所有项。用户可以只给出关键词,不必是 MATLAB 命令。例如,解 riccati 方程不是 MATLAB 命令,键入"lookfor riccati",可以得到所有解 riccati 方程的命令和解释:

are——Algebraic Riccati Equation solution.

dric——Discrete Riccati equation residual calculation.

ric——Riccati residual calculation.

dareiter——Discrete - time algebraic Riccati equation solver.

Aresolv——Continuous algebraic Riccati equation solver (eigen & schur).

daresolv——Discrete algebraic Riccati equation solver (eigen & schur).

driccond——Discrete Riccati condition numbers.

riccond——Continuous Riccati equation condition numbers.

care——Solve continuous - time algebraic Riccati equations.

dare——Solve discrete - time algebraic Riccati equations.

gcare——Generalized solver for continuous algebraic Riccati equations.

gdare——Generalized solver for discrete algebraic Riccati equations.

1.3　变量、数组与函数

1.3.1　变　量

像其他计算机语言一样,MATLAB 也有变量名规则。变量名必须是不含有空格的单个词,变量命名规则如下:

➢ 变量名区分字母大小写,如 Items、items、itEms 及 ITEMS 都是不同的变量;

➢ 变量名必须以字母打头,之后可以是任意字母、数字或下划线,如 x51483,a_b_c_d_e;

➢ 许多标点符号在 MATLAB 中具有特殊含义,所以变量名中不允许使用这些标点符号,如","""";"". "等。

除了这些命名规则,MATLAB 还有一些特殊变量,见表 1.2。

表 1.2　MATLAB 特殊变量表

特殊变量	取　值
ans	用于结果的默认变量名
pi	圆周率
eps	计算机的最小数,如 2.2204e-016
flops	浮点运算数
Inf	无穷大,如 1/0

续表 1.2

特殊变量	取 值
NaN	不定量,如 0/0
i(和)j	$i = j = \sqrt{-1}$
nargin	所用函数的输入变量数目
nargout	所用函数的输出变量数目
realmin	最小可用正实数
realmax	最大可用正实数

表 1.2 中的特殊变量在启动 MATLAB 之后自动赋予表中的取值。如果用户定义了相同名字的变量,原始特殊取值将会丢失,直至清除所有变量或重新启动 MATLAB。一般来讲,应当尽量避免重新定义特殊变量。

1.3.2　注释和标点

一段程序中,如果某一行出现百分号%,则其后所有的文字均为注释语句。但注释语句不能转行,如果注释语句太长,则另起一行时前面也要加%。例如键入

```
x = 4.5      %第一次赋值
```

表示%注释 x＝4.5 是本程序第一次赋值。

多条命令可以放在同一行,中间用逗号或分号隔开。用逗号要求显示结果,用分号不要求显示结果。例如键入

```
x = 4.5; y = 5, f = 1.9
```

则要求不显示 x,显示 y 和 f。获得如下结果:

```
y =
    5
f =
    1.9000
```

在 PC 机上运行时,可以随时按下 Ctrl＋C 键中断 MATLAB 的运行。

1.3.3　复数表示

MATLAB 对复数不需要特殊处理,用 i、j 和 sqrt(－x)(X 是任意整数、实数)表示。复数的数学运算可以写成与实数同样的形式。例如键入

```
a = 1 - 2i, b = sqrt(-2), c = a + b
```

显示

```
a =
   1.0000 - 2.0000i
b =
   0 + 1.4142i
c =
   1.0000 - 0.5858i
```

MATLAB 还可以用 real、imag、abs、angle 指令来表示一个复数的实部、虚部、幅值和相角。对于上面给出的变量 a,如果键入"real(a)",则结果如下:

```
ans =
    1
```

键入 imag(a),结果为

```
ans =
    - 2
```

键入 abs(a),结果为

```
ans =
    2.2361
```

键入 angle(a),结果为

```
ans =
    - 1.1071
```

得到 a 的实部为 1,虚部为 -2,幅值(实部与虚部的平方和开方)为 2.236 1 和幅角(arctan,即虚部/实部)为 -1.107 1 rad。

1.3.4　数学函数

MATLAB 所支持的常用数学函数见表 1.3。注意:MATLAB 只对弧度操作。

表 1.3　常用数学函数

命　令	说　明	命　令	说　明
Abs(x)	绝对值或复数的幅值	gcd(x,y)	整数 x 和 y 的最大公约数
Acos(x)	反余弦	imag(x)	复数虚部
Acosh(x)	反双曲余弦	lcm(x,y)	整数 x 和 y 的最小公倍数
Angle(x)	四象限内去复数相角	log(x)	自然对数
Asin(x)	反正弦	log10(x)	常用对数
Asinh(x)	反双曲正弦	real(x)	复数实部
Atan(x)	反正切	rem(x,y)	除后余数;rem(x,y)给出 x/y 的余数
Atan2(x,y)	四象限内反正切	round(x)	四舍五入到最接近的整数
atanh(x)	反双曲正切	sign(x)	符号函数;返回自变量的符号。例如 sign(1.5)=1, sign(-2.4)=-1, sigh(0)=0
ceil(x)	对 $+\infty$ 方向取整数		
conj(x)	复数共轭		
cos(x)	余弦	sin(x)	正弦
cosh(x)	双曲余弦	sinh(x)	双曲正弦
exp(x)	指数函数 e^x	sqrt(x)	平方根
fix(x)	对零方向取整	tan(x)	正切
floor(x)	对 $-\infty$ 方向取整数	tanh(x)	双曲正切

1.4　数据的输入与输出

1.4.1　利用 M 文件生成数据

单击 MATLAB 功能界面 HOME 标签中的 New Script 按钮,可以生成一个新的脚本文件。写入定义的数据,选择保存路径,保存为一个"文件名. m"的文件,从而建立输入数据文件。注意:MATLAB 不允许文件名为中文。建立好数据后,如果需要则可以直接在工作空间键入文件名,就完成了对所有数组的赋值,即输入了数据。

例如,打开一个新文件,键入"a＝3; b＝－1; c＝10;",由于 MATLAB 不允许在 bin 子目录下保存用户自己的文件,所以必须新建一个文件夹,将其另存为新文件夹下的 abc. m 文件,在 Currect Folder 目录下则显示出产生了一个 abc. m 的新文件。在工作空间直接键入"abc",运行该程序后,获得如下结果:

```
a =
     3
b =
    -1
c =
    10
```

也可以在目录中选择该文件,右击即可出现一些可以执行的操作指令,单击其中的 RUN指令,也可以运行该文件,生成数据。

利用 M 文件建立需要的数据是很方便且很常用的一种输入数据的方法,常常被用来进行大的运算和仿真程序的初始化,可以直接在工作空间上产生需要的变量和数组,还可以完成复杂的运算,所有获得的结果均作为输入数据保留在工作空间上,直接参与以后的运算。

1.4.2　save 与 load 指令

MATLAB 可以通过 save 与 load 指令来保存或加载已有的数据,特别是通过实验采集的大量数据。它们是自动生成、保存和取出的,而不是用户自行输入的。例如,当前工作空间上有"a ＝1. 0000－2. 0000i"和"ans ＝－1. 1071"两个变量,选择顶层 HOME 菜单中的"Save Workspace As"命令,可以将所有当前变量保存在自定义名称的 xxx. mat 文件中。保存变量并不会将其从 MATLAB 工作空间中删除,只是以二进制方式保存,并且不能用单击或键入文件名的方式打开。

如果需要该数据,则在工作空间中利用 load xxx 指令加载所有保存的变量。键入:

```
clear
load xxx
```

可以加载 xxx. mat 文件,这时就在工作空间中即可得到 a 和 ans 的数值。

直接利用 save 和 load 指令保存数据,可以提供更大的灵活性。save 指令允许用户自己选择文件格式保存一个或多个变量,而 load 指令将加载用户自己选择文件格式保存的文件,取出所需的变量。对于大多数用户来说,MATLAB 函数中的 load 和 save 指令为装载和存储数据提供了足够的工具。用户需要将数据存储在扩展名为 . mat 的文件中，load 和 save 指令将该文件的数据以与平台无关的二进制格式保存，或者用称之为 flat 的简单的 ASCⅡ 文件格式保存。

在处理自动生成的大量数据时，save 和 load 指令具有非常明显的优势，便于用户处理和存取复杂的数据。

1.4.3　低级文件的输入与输出

对于文件中不仅包含数组，同时还包含文字变量的情况，MATLAB 提供了基于 C 语言的低级文件 I/O 函数，可以读/写任意文件格式。表 1.4 中列出了 MATLAB 中常用的低级文件 I/O 函数。

表 1.4　MATLAB 低级文件 I/O 函数

命　令	说　明
fclose	关闭文件
feof	测试文件结束
ferror	查询文件 I/O 的错误状态
fgetl	读文件的行，忽略回行符
fgets	读文件的行，包括回行符
fopen	打开文件
fprintf	按照格式要求把数据写到文件或屏幕上
fread	从文件中读二进制数据
frewind	返回到文件开始
fscanf	按照格式要求从文件中读数据
fseek	设置文件位置指示符
ftell	获取文件位置指示符
fwrite	把二进制数据写到文件里

表 1.4 中的函数都可以通过 help 功能得到详细解释。下面只对部分常用的指令进行解释。比如，打开文件函数 fopen() 的语句格式为

　　　　文件句柄 = fopen (文件名，文件类型)

其中，文件句柄为一个整数，供从该文件中读取数据时使用。文件名应该为单引号括起来的字符串，而文件类型可以由一个字符串来描述，其意义和 C 语言的几乎一致，如它可以用 r 来表示一个只读型的文件，用 a 来表示一个可添加的文件。例如，如果想打开一个名为 myfile. xdy 的文件，但只想从中读出一些数据，不想改变其中的内容，则可以把它按一个只读型文件打开时就要使用下面的命令：

```
myf = fopen('myfile.xdy','r')
```

如果该文件存在，则返回一个整数 myf 句柄 ，可以调用 fread() 或 fscanf() 等函数从中读取数据。其中，fread() 函数从该文件中按照二进制格式读取数据，fscanf() 函数按照用户给定的格

式读取数据,具体如下:

```
S = fscanf(myf,'%s')          % 按文字型读取变量,赋值于 S
A = fscanf(myf,'%5d')         % 读 5 个十进制数
```

fprintf命令的格式举例如下:

```
fprintf(fid, '%6.2f          %12.8e\n',y);
```

其中,fid 是被写数据文件的句柄,单引号('　')中间的部分是写数据的格式要求,与 C 语言的数据格式相同,每一种格式都要用%分开,小数点前、后的数字表示数据的整数和小数部分的位数。最后的变量是被写的数据变量名。

下面给出一个例题来说明用低级文件读/写数据的过程。设已有数据文件 Test. txt,内容如下:

```
a_d_ 1
3.0
0.6
 − 2.00    .05372    .00707   − .02525
 − 1.00    .09308    .04892    .01294
```

运行文件 inout. m,内容如下:

```
%  input and output a data file
f1 = fopen('test.txt','r')       % 打开 test.m 文件,作为只读文件,句柄 f1
p = fscanf(f1,'%c')              % 读取全部数据,按照数据原有格式,赋值于 p
f2 = fopen('name.m','w')         % 打开 name.m 文件,作为写文件,句柄 f2
fprintf(f2,'%s15\n, %9.5f\n, %9.5f\n, %4(9.5f)\n',p)   % 写 p,数据格式:
% 第一行为文字型,15 位;第 2、3 行为实数型,5 位小数;第 4 行写 4 个实数型数据
fclose('all')                    % 关闭所有的文件
```

运行该文件时,键入

```
inout
```

屏幕显示如下结果:

```
f1 =
     3
p =
a_d_ 1
3.0
0.6
 − 2.00    .05372    .00707   − .02525
 − 1.00    .09308    .04892    .01294
f2 =
     4
```

结果文件为 name. m,内容如下:

```
a_d_ 1
3.0
0.6
 − 2.00    .05372    .00707   − .02525
 − 1.00    .09308    .04892    .01294
```

保存的结果文件内容与输入文件内容相同。注意:利用 fscanf 读入的数据按文字型变量存储,里面的数据不能用来进行加法、乘法等运算。对于需要运算的数据,可以用 M 文件形式输入,如 1.4.1 小节所述。

1.5   数组与矩阵运算

由于数组可以定义为只有一行(或一列)的矩阵,因此所有有关矩阵的运算都可以用于数组运算。MATLAB 中不区分数组与矩阵。

1.5.1   矩阵的表示与块操作

1. 矩阵表达式

数组和矩阵运算是 MATLAB 基本运算的基础。MATLAB 的数组与矩阵用[]表示,程序可以自主识别矩阵的行、列标志和元素。定义矩阵的原则如下:矩阵元素间用空格或逗号隔开,行用分号隔开,或直接另起一行表示。例如,键入

```
a=[1 2 3;4 5 6],b=[7 8 9]
```

显示结果如下:

```
a =
     1     2     3
     4     5     6
b =
     7     8     9
```

矩阵 a 也可以分行的形式输入

```
a=[1 2 3
   4 5 6]
```

结果与前面一致。

2. 矩阵的转置

矩阵 a 的转置用 a' 表示。例如,键入

```
aa = a'      % 求矩阵转置
aa =
     1     4
     2     5
     3     6
```

若矩阵为复数矩阵,则求转置时首先对矩阵进行转置,然后再逐项求取每个矩阵元素的复共轭数值,这种转置方式又称为 Hermit 转置。例如,键入

```
x =[5.0000 + 1.0000i   - 2.0000 + 1.0000i
    4.0000                 0   + 3.0000i];
xx = x'      % 求 Hermit 转置
```

结果如下：

```
xx =
5.0000 - 1.0000i    4.0000
2.0000 - 1.0000i    0 - 3.0000I
```

3. 矩阵的大小

MATLAB 具有查询矩阵维数大小的功能。查询矩阵的大小可以用表 1.5 中的命令。

表 1.5   矩阵大小查询

命　　令	说　　明
whos	显示工作空间中存在的变量极其大小
size(A)	返回矩阵 a 的行数和列数
length(A)	返回数组 a 的维数
find(A)	给出特殊要求(非零或其他条件)的矩阵元素的行、列标记

(1) size 指令

size 指令的调用格式为[n, m]＝size(a)。其中 a 为要测试的矩阵名，而返回的两个参数 n 和 m 分别为矩阵 a 的行数和列数。例如：

```
[n,m] = size(a)      %查询矩阵 a 的行、列数
n =
2
m =
3
```

(2) length 指令

当要测试的变量是一个数组而不是矩阵时，仍可以由 size()函数来求得其大小。更简洁的是，用户可以使用 length()函数来求得。length 指令的调用格式为 n＝length(a)，其中 a 为要测试的数组名，返回值 n 为数组 a 的元素个数。如果 a 为矩阵，则将返回 a 的行、列数的最大值，即该函数等效于 max(size(a))。例如：

```
n = length(a)      %查询前面矩阵 a 的最大维数
```

结果如下：

```
n =
3
```

(3) find 指令

MATLAB 可以用 find 指令进行特殊要求的矩阵元素定位。如

```
[I,j] = find(a>3)      %指出矩阵元素中大于 3 的元素的行、列位置
I =
2
2
2
```

```
j =
    1
    2
    3
```

该结果表明,在矩阵 a 中,第 2 行的第 1、2、3 列元素均满足条件要求。又如,定义矩阵 x1:

```
x1 = [2    -1    0    1    2];
```

键入指令:

```
k = find(abs(x1)>1)    % 找出绝对值大于 1 的元素
```

结果如下:

```
k =
    1    5
```

结果表明,矩阵 x1 中第 1 个和第 5 个元素满足要求。

4. 矩阵的块操作

MATLAB 中提供了很多简便、智能的方式,可以对矩阵进行更改元素、插入子块、提取子块、重排子块、扩大维数等操作。这里,重要的是冒号的应用。在 MATLAB 中,冒号":"表示"全部"。如定义

```
a = [1    2    3;    4    5    6]
b = [7    8    9]
```

键入

```
a(1,:) = b    % 将矩阵 a 第 1 行中的所有元素用矩阵 b 中的元素替代
```

显示结果如下:

```
a =
    7    8    9
    4    5    6
```

键入

```
a(:,:) = 1    % 矩阵所有元素设为 1
```

显示结果如下:

```
a =
    1    1    1
    1    1    1
```

键入

```
a(2,3) = 10    % 矩阵中的第 2 行第 3 列元素设为 10
```

显示结果如下:

```
a =
     1     1     1
     1     1    10
```

MATLAB 已定义的矩阵的维数可以扩大,但不能缩小,除非利用 clear 指令删除该矩阵。如果输入的同名矩阵的维数小于原矩阵维数,则 MATLAB 认为是原矩阵修改了部分元素或子块。增加矩阵的维数时,可以只给出非零元素,MATLAB 自动将未定义元素设为 0。如

```
a(5,5) = 2        % 定义矩阵 a 的第 5 行第 5 列元素
```

显示结果如下:

```
a =
     1     1     1     0     0
     1     1    10     0     0
     0     0     0     0     0
     0     0     0     0     0
     0     0     0     0     2
```

结果显示矩阵 a 扩展为 5×5 矩阵,第 5 行第 5 列的元素为 2。

另外,MATLAB 可以进行 3 维数组操作,用一系列矩阵表示,所有矩阵维数必须相等。如给出

```
p(1,:,:) = [1 2;3 4];   p(2,:,:) = [5 6;7 8];
```

显示结果如下:

```
p(:,:,1) =
     1     3
     5     7
p(:,:,2) =
     2     4
     6     8
```

结果显示了 3 维数组 P 的两个子矩阵的第 1 列、第 2 列元素。在多维数组的插值运算中,这种表示方式是经常用到的。

5. 矩阵的翻转与旋转操作

MATLAB 提供了以下几种函数可以进行矩阵的翻转操作:
➤ flipud 命令可使矩阵进行上下翻转;
➤ fliplr 命令可以将矩阵进行左右翻转;
➤ rot90 命令可以将矩阵进行逆时针 90°旋转。

另外,还有矩阵的对角化等操作。MATLAB 常用矩阵操作函数见表 1.6。

表 1.6　常用矩阵操作函数

命　令	说　明
flipud(A)	矩阵作上下翻转
fliplr(A)	矩阵作左右翻转

续表 1.6

命　令	说　明
rot90(A)	矩阵逆时针翻转 90°
diag(A)	提取矩阵 A 的对角元素,返回列向量
diag(V)	以列向量 V 作对角元素创建对角矩阵
tril(A)	提取 A 的下三角矩阵
triu(A)	提取 A 的上三角矩阵

1.5.2　矩阵的运算

矩阵的运算包括矩阵与标量的运算、矩阵与矩阵的运算、矩阵函数等,下面分别加以说明。

1. 矩阵与标量的运算

矩阵与标量的运算完成矩阵的每个元素对该标量的运算,包括＋、－、×、÷及乘方等运算。如已知

```
a = [1      2      3
     4      5      6];
```

则有

```
a－2 =
   －1      0      1
    2      3      4
a * 2 =
    2      4      6
    8     10     12
a/2 =
   0.5000   1.0000   1.5000
   2.0000   2.5000   3.0000
```

MATLAB 用符号 ^ 表示乘方,求矩阵乘方时要求矩阵为方矩阵。已知矩阵:

```
b = [2   4; 1   5];
```

若键入

```
b^2     % 其平方为 b×b
```

则有

```
ans =
    8     28
    7     29
```

若键入

```
b^(－1)      % 实际是求 b 的逆矩阵
```

则有

```
b^(-1) =
     0.8333    -0.6667
    -0.1667     0.3333
```

若键入

```
c = b^(0.2)        % 矩阵 c 的 5 次方为 b,c^5 = b
```

则有

```
b^(0.2) =
    1.0862    0.3448
    0.0862    1.3448
```

2. 矩阵与矩阵的运算

(1) 矩阵的加减法运算

矩阵 a 和 b 的维数完全相同时,可以进行矩阵加减法运算,MATLAB 会自动地将 a 和 b 矩阵的相应元素相加减。如果 a 和 b 的维数不相等,则 MATLAB 将给出错误信息,提示用户两个矩阵的维数不相等。例如,已知

```
a = [1 2 3;4 5 6], b = [7; 8; 9], c = [10;11;12]
```

键入"a+b"出现红色字体,标明错误信息"Matrix dimensions must agree"。由于 a 和 b 的维数不等,故程序给出了错误信息。而如果键入"b+c",则显示结果如下:

```
ans =
    17
    19
    21
```

(2) 矩阵的乘法运算

两个矩阵 a、b 的维数相容时(a 的列数等于 b 的行数),可以进行 a×b 的运算。如对于上述定义的矩阵 a 和 b,键入

```
cc = a * b
```

结果如下:

```
cc =
     50
    122
```

另外,MATLAB 可以进行 kronecker 乘法运算,指令形式为 c=kron(a,b),表示 $a_{n \times m}$ 和 $b_{p \times q}$ 矩阵的 c=a⊗b 运算,结果为增广矩阵 $c_{np \times mq}$,表示矩阵 a 的每个元素依次与矩阵 b 的所有元素相乘,组成矩阵子块,n×m 个子块共同组成新的矩阵 c。例如,对于前面定义的矩阵 a 和 b,键入

```
c1 = kron(a,b)        % 求 a 和 b 的 kronecker 乘积
```

结果如下:

```
c1 =
        7      14      21
        8      16      24
        9      18      27
       28      35      42
       32      40      48
       36      45      54
```

（3）矩阵的除法运算

矩阵的除法运算包括左除和右除两种运算，其中：左除表示为 a\b＝a^{-1}b，要求 a 为方矩阵；右除表示为 a/b＝ab^{-1}，要求 b 为方矩阵。

例如，已知 a＝[1 2;3 4]，b＝[1 3 5;2 4 6]，键入

```
c1 = a\b       % 左除,求 b×a⁻¹
```

结果如下：

```
c1 =
        0     - 2.0000     - 4.0000
   0.5000       2.5000       4.5000
```

若已知

```
c = [ 1      1      3
      1      2      3
      4      5      6];
```

键入

```
b/c       % 右除,求 b×c⁻¹
```

结果如下：

```
ans =
   0.0000      2.3333     - 0.3333
        0      2.0000           0
```

矩阵的除法运算实际是求 ax＝b 的解的过程。当 a 为非奇异矩阵时，结果是最小二乘解，即矩阵除法可找到使‖ax－b‖误差绝对值最小的 x。

（4）矩阵的点运算

MATLAB 定义了一种特殊的运算，即所谓的点运算。两个矩阵之间的点运算是该矩阵对应元素的相互运算，例如"c＝a. ×b"表示矩阵 a 和 b 的相应元素之间进行乘法运算，然后将结果赋给矩阵 c。注意：点乘积运算要求矩阵 a 和 b 的维数相同。这种点乘积又称为 Hadamard 乘积。可以看出，这种运算和普通乘法运算是不同的。例如，已知矩阵 a 和 b

```
a = [1      2;      3      4];
b = [2      2;      1      2];
```

输入指令"c＝a＊b"，得到如下结果：

```
c =
        4      6
       10     14
```

输入指令"cc＝a.＊b",得到如下结果:

```
cc =
   2    4
   3    8
```

可以看出,这两种乘积的结果是不同的:前者是普通矩阵乘积,而后者是两个矩阵对应元素之间的乘积,形成了新的矩阵$[a_{ij} * b_{ij}]$。点运算在 MATLAB 中起着很重要的作用,例如 x 是一个向量,则求取函数 x 的模值时不能直接写成 x＊x,而必须写成 x.＊x。在进行矩阵的点运算时,要求参与运算的两个矩阵的维数一致。其实一些特殊的矩阵函数,如 sin() 也是用点运算的形式来进行的,因为它要对矩阵的每个元素求取正弦值。

矩阵点运算不光可以用于点乘积运算,还可以用于其他运算。比如,对前面给出的矩阵 a 作 a.＊a 运算,则将得出如下结果:

```
a.*a      % 结果形成新矩阵[ a²ᵢⱼ]
ans =
   1    4
   9   16
```

(5) 矩阵求幂

矩阵求幂的运算包括矩阵与常数的幂运算和矩阵与矩阵的幂运算,用点运算的形式表示。具体解释如下:

a.^3＝$[a_{ij}^3]$——矩阵 a 的 3 次方,即矩阵 a 的每个元素的 3 次方形成的新矩阵;

3.^a＝$[3^{a_{ij}}]$——3 的 a 次方,即新矩阵的每个矩阵元素都是以 3 为底,以矩阵 a 的对应元素为幂指数形成的新矩阵;

a.^b＝$[a_{ij}^{b_{ij}}]$——a 的 b 次方,即新矩阵的每个元素都以矩阵 a 的元素为底,以矩阵 b 的对应元素为幂指数。例如,键入

```
a =[1    2; 3    4];
a.^3
```

结果如下:

```
ans =
    1    8
   27   64
```

再键入

```
3.^a
```

结果如下:

```
ans =
    3    9
   27   81
```

又如,键入

```
b = [2   1;3 2];
a.^b      % 以 a 的元素为底,以 b 的元素为指数
```

结果如下：

```
ans =
     1     2
    27    16
```

1.5.3　矩阵函数

MATLAB 定义了一些特殊矩阵函数，用户不必一一赋值定义。特殊矩阵函数见表 1.7。

表 1.7　特殊矩阵函数

命　令	说　明
a＝[]	空矩阵
a＝eye(n)	n 维单位矩阵
a＝ones(n,m)	全部元素都为 1 的矩阵
a＝rand(n,m)	元素服从 0 和 1 之间均匀分布的随机矩阵
a＝randn(n,m)	元素服从零均值单位方差正态分布的随机矩阵
a＝zeros(n,m)	全部元素都为 0 的矩阵

MATLAB 还提供了很多用于求解数值线性代数问题的矩阵函数。表 1.8 列出了大部分矩阵函数。

表 1.8　矩阵函数

命　令	说　明	命　令	说　明
d＝eig(A)	矩阵特征值	norm(A,p)	P 维范数（只对向量）
[V,D]＝eig(A)	矩阵特征值与特征向量	norm(A,'fro')	F 维范数
det(A)	行列式计算	null(A)	零空间
expm(A)	矩阵求幂	orth(A)	正交化
inv(A)	矩阵求逆	pinv(A)	非方矩阵的伪逆
logm(A)	矩阵的对数	poly(A)	方矩阵特征多项式的系数
norm(A)	矩阵和向量的范数	schur(A)	矩阵的 Schur 分解
norm(A,1)	1 维范数	sqrtm(A)	矩阵的平方根
norm(A,2)	2 维范数（欧几里德范数）	svd(A)	奇异值分解
norm(A,inf)	无穷大范数	trace(A)	矩阵的对角元素之和

注意：上述矩阵函数，如矩阵求幂等运算是通过级数求出的，与矩阵元素的点运算结果不同。若希望求矩阵每个元素的相应函数，如 sin、tan、log 等运算，则可以直接采用标量运算指令，如已有：

```
a = [1    2;    3    4];
```

键入"sin(a)"，结果如下：

```
ans =
    0.8415     0.9093
    0.1411   - 0.7568
```

该矩阵的每一个元素都是矩阵 a 相应元素的正弦值。同理,键入"log(a)",结果如下:

```
ans =
        0      0.6931
    1.0986    1.3863
```

键入

```
exp(a)      % 求[e^{a_{ij}}]
```

结果如下:

```
ans =
    2.7183     7.3891
   20.0855    54.5982
```

而矩阵如果作为指数进行运算,如键入指令:

```
expm(a)      % 求矩阵的幂级数
```

得到如下结果:

```
ans =
    51.9690     74.7366
   112.1048    164.0738
```

以上得出了不同的结果,这是由于 expm(a)是矩阵的幂级数,其计算公式如下:

$$e^a = I + a + \frac{a^2}{2!} + \frac{a^3}{3!} + \cdots + \frac{a^n}{n!} + \cdots$$

而不是直接对矩阵元素操作。其他矩阵函数(如矩阵的对数)也是如此,使用时应注意。

1.6　M 函数与 M 文件

　　MATLAB 除了可以进行数学函数、矩阵函数运算之外,还提供了 M 函数和 M 文件功能,用户可以利用所有的已知函数编制自己的 M 函数或 M 文件,完成更复杂的或更大型的运算。实际上,MATLAB 的许多复杂函数,如求特征值、特征向量、曲线拟合、插值运算等都是由建立在 M 函数基础上的 M 文件完成的,从而使得用户的需求可以任意扩展和抽象化,给 MATLAB 运算增加了抽象思维能力。M 文件可以利用各种 M 函数编制程序,完成用户期望的所有运算。

1.6.1　M 函数与 M 函数文件

1. M 函数

　　MATLAB 的 M 函数是由 function 语句引导的,其基本格式如下:

```
function [y1,y2,…] = ff(x1,x2,…)
```

其中，ff 为函数名；xi 和 yi 分别为输入变量和输出变量，可以是标量、数组、矩阵或字符串。定义 M 函数的程序需用该函数命名 ff。例如，编制程序 ff.m 如下：

```
function[p] = ff(x)              % 定义 M 函数，输入 x，输出 p，调用时在工作空间输出变量 y
n = length(x);                   % 求 x 的维数 n
for i = 1:n                      % 进行循环运算
  pp = sqrt(x(i)^2 + 10);        % 对 x 的每个元素依次完成运算
end                              % 结束循环运算
  p = pp * 2 - 5;                % 对结果继续进行运算
end                              % 结束函数描述
```

运行时在工作空间直接输入：

```
x = 1:5;
y = ff(x)                        % y 为 M 函数 ff 的输出
```

得到如下结果：

```
y =
    6.8322
```

在 function 命令中也可以完全没有输入变量和输出变量，简单定义为

function　文件名

它执行该文件下指定的操作。例如，M 函数的文件 test1 内容为

```
function test1
a = 'function test'             % 定义符号变量
b = [1 2;3 4]                   % 定义矩阵
```

它执行定义 a 为符号变量，b 为矩阵的简单运算。在工作空间中输入文件名：

```
test1
```

结果显示：

```
a =
function test
b =
     1     2
     3     4
```

应当注意，除输入变量和输出变量以外，M 函数中使用的所有变量都是局部变量，即在该函数返回之后，这些变量会自动在 MATLAB 的工作空间中清除掉。如果想使这些中间变量在工作空间中可以起作用，则应该把它们设置成全局变量。全局变量是由 MATLAB 提供的 golbal 命令来设置的，一般在 M 函数的开头定义。命令形式如下：

```
golbal a b c
```

不同的全局变量名之间用空格隔开。golbal 命令应当在工作空间和 M 函数中都出现，如果只在一方出现，则不被认为是全局变量。例如，在上面的例题中增加全局变量 z1 和 z2，在工作空间键入以下指令：

```
global z1 z2          % 在工作空间中定义全局变量
z1 = 1: - 0.1:0.6;    % 在工作空间中定义 z1 和 z2
z2 = 0:0.5:2;
```

同时修改 ff. m 函数为

```
function[p] = ff(x)
global z1 z2                            % 增加全局变量
n = length(x);
for i = 1:n
  pp = sqrt(x(i)^2 + 10) + z1(i) - z2(i);   % 运算中增加了 z1 和 z2
end
  p = pp * 2 - 5;
```

运行该 M 函数时,在工作空间键入:

```
x = 1:5;
y = ff(x)
```

其结果如下:

```
y =
    4.0322
```

2. M 函数文件

为了在复杂的运算中直接调用用户自己定义的 M 函数,可以通过一个 M 函数文件来产生该 M 函数。M 函数文件是指扩展名为.m 的文件,如上面提到的 ff. m 和 test1. m 文件等。M 函数文件必须按照一定的规则来编写,其基本规则和属性如下:

> 函数名和文件名必须相同,如上面定义的 M 函数 test1 是一个名为 test1. m 的文件。开头应当以 function 语句开始,第 2 条以后可以加入注释行(以 % 开始)和 MATLAB 运算语句。

> M 函数文件有自己的工作空间,与 MATLAB 的工作空间分开。M 函数的变量都是内部变量,不会送到工作空间去。M 函数与工作空间的联系只有输入变量、输出变量。

> M 函数中若有 RETURN 命令,函数将中断运行,返回工作空间。

> MATLAB 在执行一次 M 函数之后,将其编为机器码,下一次运行时直接调用,运算速度很快。

> M 函数文件中可以调用其他一般 M 文件(或称为脚本文件),这时脚本文件中的变量都在 M 函数文件中有效,而在 MATLAB 的工作空间中无效。

> M 函数文件可以重复调用自己,但因为容易形成死循环,故应当尽量避免这种操作。

利用 M 函数文件可以将 M 函数用文件的形式给出,运算时直接调用就可以了。如前面运行 M 函数的 ff. m 文件,用户不必每次运行 ff. m 的程序,只需要定义输入数组"x = 1:5;",然后键入"y = ff(x)"即可得到结果。

1.6.2　M 文件

除 M 函数和 M 函数文件外,MATLAB 还提供了具有复杂运算能力的 M 文件功能。

MATLAB 提供的 M 文件(也叫脚本文件)是 MATLAB 环境下进行运算的基本文件形式,是普通的 ASCⅡ码构成的文件,只能由 MATLAB 语言所支持的语句组成。M 文件以扩展名 . m 结尾,执行时用户只需键入文件名,MATLAB 会自动执行该 M 文件中的各条语句。与 M 函数文件不同,它不以 function 语句开始,而是可以直接以任意 MATLAB 语句开始。如果要定义全局变量,则应在程序的第一句对全局变量进行定义。

在工作空间中调用的 M 文件,其所有变量都可以在工作空间中直接引用,并可以在工作空间中的其他 M 文件或 Simulink 文件运行时调用。但如果要在某个 M 函数中引用,则必须定义为全局变量。M 文件可以调用 M 函数文件,一般来讲,M 文件应当在 M 函数的上层。

MATLAB 的 M 文件功能非常强大。它允许用户自由编制充分复杂的程序,调用各种已有的函数、其他 M 文件等,完成复杂的数值运算、逻辑运算和符号运算,与绘图功能、Simulink 工具箱等联合使用,还可以仿真和绘制复杂的运动过程。对用户来说,这是一个非常有用的工具。

例如,上面的例子可以简单地用一个 M 文件来完成。文件名为 f2. m,其内容如下:

```
global z1 z2
x = 1:5
z1 = 1: - 0.1:0.6
z2 = 0:0.5:2
y = ff(x)
```

为了运行 M 函数,建立 M 函数文件 ff. m,其内容如下:

```
function[p] = ff(x)
global z1 z2
n = length(x);
for i = 1:n
  pp = sqrt(x(i)^2 + 10) + z1(i) - z2(i);
end
  p = pp * 2 - 5;
```

键入 f2 运行 f2. m 文件,结果显示如下:

```
x =
     1     2     3     4     5
z1 =
    1.0000    0.9000    0.8000    0.7000    0.6000
z2 =
         0    0.5000    1.0000    1.5000    2.0000
y =
    4.0322
```

由于定义 x、z1 和 z2 时没有加分号,因此结果中给出了输入数据 x、z1 和 z2 的值。

注意:如果 M 程序中有 function 函数,则需要把所有运行该函数的输入/输出语句放到 function 定义前面。

在 MATLAB 的 HOME 菜单下,可以直接选择 New 或 Open 菜单命令来新建一个新文件或打开一个已经存在的文件,保存时可以选择 HOME 菜单下的 Save 或 Save as 命令来执行。如果要运行一个文件,则可以在工作空间输入该文件的文件名,或者直接选择该文件,右击选择 Run 命令。

1.7　多项式运算

多项式运算是线性代数、线性系统分析中的重要内容。MATLAB 提供了多条命令,可以进行多项式运算。MATLAB 中多项式的系数用一个行向量表示,降幂排列。例如,多项式 $p(x)=x^4+2x^3-5x+6$,在 MATLAB 工作空间中输入

```
p = [1 2 0 -5 6]
```

结果显示如下:

```
p =
    1    2    0    -5    6
```

1.7.1　求根及其逆运算

1. roots 命令

roots 命令可以求解多项式 p 的根,求出的根按列向量存储。例如,键入"rr=roots(p)",结果如下:

```
rr =
   -1.8647 + 1.3584i
   -1.8647 - 1.3584i
    0.8647 + 0.6161i
    0.8647 - 0.6161i
```

该 4 阶多项式有两对共轭复根。

2. poly 命令

poly 命令可以由多项式的根求多项式系数,根采用列向量表示,得到的多项式系数按行向量存储。如已知的两对共轭复根存在 rr 数组,则键入"pp=poly(rr)",结果如下:

```
pp =
    1.0000    2.0000    0.0000    -5.0000    6.0000
```

得到的多项式系数数组 pp 与原给定的数组 p 相同。

当根有共轭虚部时,多项式系数中可能出现小的虚部,而对于线性系统来说,这是不可能的。这时,可以利用 pp=real(pp)命令(取实部)消除虚假的虚部。

1.7.2　加法、减法与乘法

两个多项式的加法、减法为多项式对应元素的加、减运算。两个多项式的阶数可以不同,但在多项式定义时应当补充 0 元素使其行向量元素数目相等,否则不能相加、减。例如,给定

```
p = [1    2    0    -5    6];
s = [0    0    1    2    3];
```

键入 p+s,结果如下:

```
ans =
    1    2    1    -3    9
```

写成多项式形式:$p(x)+s(x)=x^4+2x^3+x^2-3x+9$。键入 p-s,结果如下:

```
ans =
    1    2    -1    -7    3
```

对应的多项式形式:$p(x)-s(x)=x^4+2x^3-x^2-7x+3$。

　　两个多项式的乘法由 conv 命令完成,结果为对应系数乘积的多项式系数。例如,已知多项式 a(x)=x^2+x+3 和 b(x)=x^2+2x+4(注:x^2 在 MATLAB 中表示 x^2,x^3 表示 x^3,依次类推),给出

```
a = [1    1    3]; b = [1    2    4];
```

键入

```
c = conv(a,b)        % 求多项式的乘积
```

结果如下:

```
c =
    1    3    9    10    12
```

　　得到多项式 c(x)=x^4+3x^3+9x^2+10x+12,即两个 2 阶多项式相乘得到一个 4 阶多项式。

1.7.3　微分与赋值运算

1. polyder 命令

　　多项式的微分由 polyder 命令完成。例如,定义一个 4 阶多项式:

```
p = [1    2    0    -5    6];
```

键入

```
d = polyder(p)      % 对多项式 p(x)求微分
```

则有

```
d =
    4    6    0    -5
```

结果为 $d(x)=d[p(x)]/dx=4x^3+6x^2-5$。

2. polyval 命令

　　给出 p(x)中自变量的范围,polyval 命令可以计算多项式产生的数组的值。如键入以下语句:

```
x = -1:0.1:2;              %x 由 -1 到 2,步长 0.1,共 30 个点
y = polyval(p,x);          %计算多项式 p(x)的数值
```

可以得到一组对应于 x 的 y 值(30 个点),可以利用绘图指令 plot(x,y),画出 x 和 y 的关系,见图 1.4(图中横轴表示 x,纵轴表示 y)。

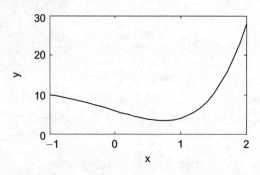

图 1.4　　y＝p(x)＝x^4＋ax^2－5x＋6

1.7.4　有理多项式

在线性系统的傅里叶变换、拉普拉斯变换和 Z 变换中,经常用到有理多项式。MATLAB 中也提供了一些命令可以进行有理多项式的运算。

MATLAB 中的有理多项式是用分子多项式和分母多项式表示的,可以用 residue 命令进行部分分式展开。residue 命令形式如下:

$$[r,p,k] = residue(num,den)$$

式中,num 和 den 分别表示分子和分母多项式的系数行向量。

分解的结果形式如下:

$$G(s) = \frac{num(s)}{den(s)} = \frac{r(1)}{s + p(1)} + \frac{r(2)}{s + p(2)} + \cdots + \frac{r(n)}{s + p(n)} + k(s)$$

例如,已知传递函数 $G(s) = \dfrac{10(s+3)}{(s+1)(s^2+s+3)}$,进行部分分式分解,运算过程如下:

```
d = [1    2    4    3];    %定义分母多项式,传递函数分母乘出的结果多项式
n = [10    30];            %定义分子多项式,传递函数分子乘出的结果多项式
[r,p,k] = residue(n,d)     %进行部分分式展开
```

结果如下:

```
r =
    -3.3333 - 4.0202i
    -3.3333 + 4.0202i
     6.6667
p =
    -0.5000 + 1.6583i
    -0.5000 - 1.6583i
    -1.0000
k =
    []
```

结果表明,传递函数 $G(S)$ 被分解为下面的部分分式形式:

$$\frac{n(s)}{d(s)} = \frac{-3.333\ 3 - 4.020\ 2i}{s + 0.5 - 1.658\ 3i} + \frac{-3.333\ 3 + 4.020\ 2i}{s + 0.5 + 1.658\ 3i} + \frac{6.666\ 7}{s + 1}$$

注意:该命令得到的低阶分式都是一阶形式,分子上是常数。显然,由于原传递函数有复特征值,利用该命令得到的展开式不是常用的实数形式。当然,用户可以利用多项式的乘法命令 conv 进行通分。上例中有一对共轭复根和一个实根,实根部分可以不动,仅对两个复根进行通分。键入

```
r1 = r(1),r2 = r(2)        % 将数组 r 的前两个元素定义成多项式 r1,r2
```

结果如下:

```
r1 =
    - 3.3333 - 4.0202i
r2 =
    - 3.3333 + 4.0202i
```

键入"p1=[1 −p(1)],p2=[1 −p(2)]",获得前两个极点的多项式 p1(s)=s−p(1),p2(s)=s−p(2),则有

```
p1 =
    1.0000              0.5000 - 1.6583i
p2 =
    1.0000              0.5000 + 1.6583i
```

利用 p1、p2 形成极点多项式,r1、p2 和 r2、p1 形成分子多项式。键入

```
den = conv(p1,p2)          % 求分母多项式 den = p1(s) * p2(s)
num = conv(r1,p2) + conv(r2,p1)     % 求分子多项式
```

结果如下:

```
den =
    1.0000    1.0000    3.0000
num =
    - 6.6667   10.0000
```

得到的部分分式形式为 $\dfrac{n(s)}{d(s)} = \dfrac{-6.666\ 7s + 10}{s^2 + s + 3} + \dfrac{6.666\ 7}{s + 1}$。

根据给出的 r、p、k 的值,可以用 residue 命令求出传递函数的有理多项式形式,如利用上面求出的结果,键入

```
[num1,den1] = residue(r,p,k)
```

得到

```
Num1 =
    0    10    30
Den1 =
    1.0000    2.0000    4.0000    3.0000
```

可以看到,求出的分子多项式和分母多项式与给定的传递函数 $G(S)$ 形式相同。

多项式运算的其他命令和功能,已在表 1.9 中列出。

表 1.9　多项式函数

命　令	说　明
conv(a,b)	乘法
[q,r]＝deconv(a,b)	除法
poly(r)	用根构造多项式
polyder(a)	对多项式或有理多项式求导
polyfit(x,y,n)	多项式数据拟合
polyval(p,x)	计算 x 对应的多项式的值
[r,p,k]＝residue(a,b)	部分分式展开式
[a,b]＝residue(r,p,k)	部分分式组合
roots(a)	求多项式的根

1.8　控制语句与逻辑运算

　　控制语句包括循环语句与条件语句,它们决定了运算过程和路径。循环语句和条件语句包含于每一种可以用于进行科学计算的计算机语言中。它们更符合人的思维方式,扩展了计算功能,并节省了语句,使程序看起来更为简洁、清晰。

　　MATLAB 的循环语句和条件语句中经常包括大量的 MATLAB 命令,一般用 M 文件表达更为合适,而不常采用在工作空间中键入方式。下面介绍的在工作空间中键入的程序,可以直接写入 M 文件调用。

1.8.1　for 循环

　　for 循环语句允许按照给出的范围或固定的次数重复完成一个或一组运算。它以 for 开始,以 end 结束,也叫作 for - end 结构。for 语句的基本格式如下:

　　　　for 循环变量 = 范围数组指定

　　　　　　命令串

　　　　end

执行 for 语句时,循环变量按照数组指定的范围逐步取值,每一步执行一次命令串,直至循环变量按照数组指定全部取值完毕。例如,给出如下程序:

```
for n = 1:5      % 循环变量取值从 1 到 5,每步按 1 递增
x(n) = n^2;      % 运算命令
end              % 结束循环运算
```

结束后键入 x,得到

```
x =
     1     4     9    16    25
```

循环变量的范围可以是任意数组,如:

```
a = [ 1    2    3    4
      5    6    7    8
      9   10   11   12]
```

执行如下 for 循环运算：

```
for i = a
y = i(1) - i(2) + i(3)        % 将 a 的第 i 列进行运算
end
```

结果依次为

```
y =
    5
y =
    6
y =
    7
y -
    8
```

由于 a 是 3 行 4 列矩阵，计算时将 a 按列分步赋值给变量 i，故每一步循环时，i 作为一个列向量进行运算。例如，执行下面的循环运算：

```
for n = a
y = n
end
```

结果如下：

```
y =
    1
    5
    9
y =
    2
    6
   10
y =
    3
    7
   11
y =
    4
    8
   12
```

这种用法扩展了 for 语句的应用范围。另外，for 语句可以嵌套，可以有多个变量参与 for 循环运算。例如，键入下面的程序：

```
for i = 1:3
  for j = 5: - 1:1
    a(i,j) = i^2 + j^2;
  end
end
```

运算结束后,键入 a,可得

```
a =
    2    5   10   17   26
    5    8   13   20   29
   10   13   18   25   34
```

1.8.2　while 循环

for 循环以固定的次数求一组循环命令的值。此外 MATLAB 还提供了一种 while 循环语句。该循环语句根据给出的条件,以不定的次数求一组循环命令的值,结构如下:

```
while    条件表达式
         命令串
end
```

其执行方式如下:如果条件表达式中的条件成立,则执行命令串;如果表达式不成立,则跳出循环,向下继续执行。例如,给出程序:

```
s = 0; n = 1;
while n< = 10           % 循环条件
s = s + n;n = n + 1;      % 命令
end
```

程序结束后,键入 s,可得

```
s =
   55
```

该循环只执行到 n=10 为止。

1.8.3　条件语句

除了 while 条件语句,MATLAB 还提供了更直接的条件转移语句,依据条件要求直接完成转移过程。条件语句的格式如下:

```
if    条件表达式
      命令串
end
```

当给出的条件表达式成立时,执行命令语句,然后继续向下执行;若条件不成立,则跳出条件块而直接向下执行。循环语句和条件语句中的条件表达式用逻辑关系符号表示,如"大于等于"用">="表示,"等于"用"=="表示。例如,运行以下程序:

```
y = 0;
for n = 1:4
  if n>2
    y = n^2
  end
end
```

得到结果如下:

```
y =
     9
y =
    16
```

很明显,当 n=1 或 2 时,不满足条件,程序转而执行下面的循环。

条件语句还有 if – else – end 结构,结构形式如下:

```
if    条件表达式 1
    命令串 1
  elseif    条件表达式 2
    命令串 2
        ⋮
    else
    命令串 3
  end
```

执行上述语句时,如果条件表达式 1 的条件成立,那么就执行命令串 1;如果条件 1 不成立,条件 2 成立,则执行命令串 2;如果都不成立,则执行后面的命令串。MATLAB 允许多层不相交的条件语句嵌套。

另外,在执行 for 和 while 循环语句时,可以利用 if+break 语句中止循环运算。例如,以下程序:

```
sum = 0;
for m = 1:100      % 循环变量从 1 到 100
if(sum>100)
m                  % 当 sum 大于 100 时,显示 m
break;end          % 当 sum 大于 100 时中止运算
sum = sum + m
end
```

运行结果如下:

```
m =
    15
sum =
   105
```

结果表明,当运行到第 15 个循环时,满足给定条件,程序中止运行,这时的总和是 105。

1.8.4　关系运算和逻辑运算

除了传统的数学运算,MATLAB 还支持关系运算和逻辑运算,目的是提供求解真/假命题的答案。对于所有关系和逻辑表达式的输入,MATLAB 把任何非零数值当作真,把零当作假。而对于所有关系和逻辑表达式的结果为真时输出 1,为假时输出 0。MATLAB 给出的关系操作符见表 1.10,逻辑操作符见表 1.11。

表 1.10　关系操作符

关系操作符	说　明
<	小于
<=	小于或等于
>	大于
>=	大于或等于
==	等于
≈=	不等于

表 1.11　逻辑操作符

逻辑操作符	说　明
&	与
|	或
∼	非

1. 关系操作

关系操作用来比较两个同样大小的数组,或比较一个数组与一个标量。数组与标量比较时,数组的每一个元素与标量比较,结果数组与原数组大小相同。例如,给出

```
a = [ 1    2    3    4    5];
b = [ 3    4    5    6    7];
```

键入

```
t1 = (a>3)        % 所有 a>3 的位置赋值 1,否则赋值 0
```

结果如下:

```
t1 =
    1×5 logical array
     0    0    0    1    1
```

以上结果表明,t1 是一个逻辑数组,只含有元素 0 和 1 元素。进一步键入

```
t2 = (a>3) - b        % 结果数组 t1 减 b 的对应元素
```

结果如下:

```
t2 =
    -3    -4    -5    -5    -6
```

以上结果表明,由于关系运算的结果是由 0 或 1 组成的数组,因此也可以用于一般数学运算中。

2. 逻辑操作

逻辑操作提供了一种按照"与""或""非"逻辑形成的关系表达式,并可以用于运算。例如,下面的命令:

```
t3 = ∼(t1)              % 取 t1 的"非"(0 变为 1,1 变为 0)
t4 = (a>1)&(b<6)        % 当 a>1 和 b<6 同时成立时赋值 1,否则赋值 0
```

获得

```
t3 =
    1    1    1    0    0
t4 =
    1×5 logical array
    0    1    1    0    0
```

以上结果表明,t4 也是逻辑数组。

用逻辑运算还可以截取函数的部分段,产生不连续信号。方法是首先由逻辑运算产生 0 或 1,要保留的部分与 1 乘,不保留的部分与 0 乘。例如,运行下面的程序:

```
x = 0:0.1:10;              % 定义 x 范围
y = sin(x);                % 计算 y
z = (y> = 0). * y;         % 将 y 中的负值用 0 代替
plot(x,y,'k',x,z,'o')      % 绘图,y 用 - 表示,z 用 o 表示
```

得到的绘图结果见图 1.5,图中横轴为 x,纵轴实线为 y,圆圈线为 z。

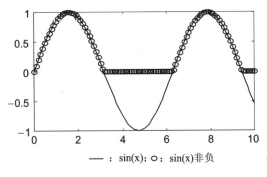

图 1.5　绘图结果

3. NaN 与空矩阵

MATLAB 提供了函数 NaN、Inf 和空矩阵运算,表示一些特殊的概念,其中:NaN 表示 "Not - a - Number",专门表示一类由 0/0 或 Inf - Inf 产生的非数值的数;Inf 表示"无穷大",是由 1/0 或计算中的数值上溢产生的数。

按照 IEEE 数学标准,对 NaN 的所有运算都产生 NaN,例如:

```
a = [1 2 nan inf];         % 定义数组中有元素取值为 NaN 和 Inf
b = 2 * a                  % 对 NaN 和 Inf 运算
c = sqrt(b)
c(4) = c(4) - inf          % c 的第 4 个元素由 Inf - Inf 产生 NaN
d = (a = = NaN)            % 寻找数组中的 NaN
```

结果如下:

```
b =
    2    4    NaN    Inf
c =
    1.4142    2.0000         NaN         Inf
c =
    1.4142    2.0000         NaN         NaN
d =
```

```
    1×4 logical array
      0     0     0     0
```

d 中元素全部为 0,由此可知,NaN 与 NaN 相比较时,将产生全部为 0 的结果。

用户可以用 isnan 命令寻找取值为 NaN 的元素,键入"g=isnan(a)",结果如下:

```
g =
      0     0     1     0
```

其中,第 3 个元素值为 1,表示真,即矩阵 a 中第 3 个元素是 NaN。

空矩阵用符号[ ]表示,不是元素取值为 0 的矩阵,而是一个行列数为 0 的矩阵。换句话说,空矩阵是一个标志,表示逻辑上的"无"或"不存在"。例如,输入命令

```
size([ ])       % 查询空矩阵的维数
```

结果如下:

```
ans =
      0     0
```

可知,空矩阵的行、列数都是 0。

在运算中没有结果时,常常返回空矩阵。

```
x = 1:5
x =
      1     2     3     4     5
y = find(x>6)
y =
    1×0 empty double row vector
```

由于没有 x>6 的值,故返回数组的列为空,在工作空间上显示出 y=[]。

1.8.5　字符运算

MATLAB 可以给一串文字定义并进行一些字符串的处理与运算。字符串一般是 ASCII 码的数值数组,用单引号括起来,定义为字符表达式。字符表达式中,每个字符占用 2 个字节存储。例如,键入

```
x = 'MATLAB is a good software'
```

结果如下:

```
x =
MATLAB is a good software
```

如果进行变量查询,键入 whos,可得

```
Name      Size           Bytes  Class
  x       1x25              50   char
```

以上结果表明,x 是文字型数组,共有 25 个元素,占用 50 个字节。

MATLAB 定义了一些字符串转换函数,如表 1.12 所列。下面对表中几个常用的命令加以介绍。

表 1.12　字符串转换函数

命　　令	说　　明
abs	从字符串到 ASCII 码的转换
fprintf	按照给定格式把文本写到文件中或显示屏上
int2str	整数转换成字符串
lower	字符串变为小写
num2str	数字转换成字符串
setstr	ASCII 码转换成字符串
sprintf	按照给定格式,数字转换成字符串
sscanf	按照给定格式将字符串转换成数字
str2mat	字符串转换成一个文本矩阵
str2num	字符串转换成数字
upper	字符串转换成大写

1. Num2str 命令

Num2str 命令可以将数值变量转换成字符串,并可以与其他字符串组成新的文本。例如:

```
a = 2.7;
xx = ['there are ',num2str(a),'kg eggs.']
```

结果为

```
xx =
there are 2.7kg eggs.
```

键入"upper(xx)"后,结果为

```
ans =
THERE ARE 2.7KG EGGS.
```

2. fprintf 命令

fprintf 命令在前面数据的输入输出部分已有解释,这里可以用来写字符串。例如:
键入

```
fprintf('pi = %.0e\n',pi)        % e 型数,写 pi,不写小数部分
```

结果为 pi= 3e+000。
键入

```
fprintf('pi = %.5e\n',pi)        % e 型数,写 pi,小数部分取 5 位
```

结果为 pi= 3.14159e+000。

键入

```
fprintf('pi= %.0f\n',pi)    % f 型数,写 pi,不写小数部分
```

结果为 pi= 3。
键入

```
fprintf('pi= %.5f\n',pi)    % f 型数,写 pi,小数部分取 5 位
```

结果为 pi= 3.14159。
键入

```
fprintf('pi= %.0g\n',pi)    % g 型数,写 pi,不写小数部分
```

结果为 pi= 3。
键入

```
fprintf('pi= %.5g\n',pi)    % g 型数,写 pi,小数部分取 5 位
```

结果为 pi= 3.1416。
键入

```
fprintf('pi= %.10g\n',pi)    % g 型数,写 pi,小数部分取 10 位
```

结果为 pi= 3.141592654。
　　其中,g 型数为固定小数点,不论取多少位,小数点位置不变。

3. eval 和 feval 命令

　　MATLAB 提供了字符串函数,使得 MATLAB 的计算功能更加强大。如 eval 命令和 feval 命令,可以运行用户创建的 M 函数,计算并赋值给其他变量。例如,命令行:

```
a = eval('sqrt(2)')    % 计算 2 的平方根,赋于 A
```

结果如下:

```
a =
   1.4142
```

如果用户已建立了一个 M 函数,名为 f1.m,内容如下:

```
function[y] = f1(x)
y = x^2 + 2 ;
end
```

该程序输入 x,计算并输出 y。利用 eval 命令可以调用 M 函数 f1.m,并计算 y 值。

```
a = eval('f1(2)')    % 调用 M 函数 f1,其输入变量 x = 2,结果赋给 a
a =
    6
```

　　设另一个 M 函数,名为 f2.m,内容如下:

```
function[p1,p2] = f2(x)
p1 = x(1)^2 + x(2)^2 + x(3)^2;
p2 = sqrt(p1);
```

该函数计算数组 x 各元素的平方和并开方,结果存入 p1 和 p2。运行该程序,首先定义

```
a = [1    2    3]
```

键入

```
[x y] = eval('f2(a)')       % 调用 M 函数 f2,以 a 为输入变量,x 和 y 为输出变量
```

结果如下:

```
x =
    14
y =
3.7417
```

feval 用法与 eval 类似,但约束更多一些。这两条命令应用很广泛,在很多 Simulink 程序中都会出现。

1.9　曲线拟合与插值运算

1.9.1　曲线拟合

在许多应用领域中,经常需要从一系列已知离散点上的数据集 $[(x_1,y_1),(x_2,y_2),\cdots,(x_n,y_n)]$ 得到一个解析函数 $y=f(x)$,得到的解析函数 $f(x)$ 应当在原离散点 x_i 上尽可能接近给定的 y_i 值。这一过程称为曲线拟合。最常用的曲线拟合方法是最小二乘法,拟合结果可使误差的平方和最小,即找出使 $\sum_{i=1}^{n}\parallel f(x_i)-y_i\parallel^2$ 最小的 $f(x)$。

让用户自己去编写程序来求解最小二乘解,这个过程是比较复杂的。

MATLAB 提供的函数 polyfit,根据给定的自变量数组 x 和函数数组 y,按照拟合的阶数要求自动求解满足最小二乘意义的一阶或高阶解析函数 f(x),使用很方便。为了说明这个问题,我们以函数 $y=0.5-2*x^2$ 为例,令自变量

```
x = 0:0.1:1      % 定义被拟合的数组
```

键入如下命令,得到 y 的准确解:

```
for i = 1:length(x);
y(i) = 0.5 - 2 * x(i)^2;
end
```

运行结果为

```
y =
  Columns 1 through 9
    0.5000    0.4800    0.4200    0.3200    0.1800    0    - 0.2200    - 0.4800    - 0.7800
  Columns 10 through 11
  - 1.1200    - 1.5000
```

令 y 的每一项数据有一些偏差,构成待拟合的数据集,键入

```
y = [0.52 0.45 0.4 0.35 0.18 0.02 - 0.25 - 0.4 - 0.81 - 1.1 - 1.5]
```

结果为

```
y =
    0.5200    0.4500    0.4000    0.3500    0.1800    0.0200   - 0.2500
  - 0.4000   - 0.8100   - 1.1000   - 1.5000
```

下面分别进行一维和二维曲线拟合。

进行一维拟合时,键入命令

```
m = 1;
fxy1 = polyfit(x,y,m)      % 一维拟合
```

则有

```
fxy1 =
    - 1.9873    0.7991
```

以上结果表明,拟合出的多项式为 fxy1=-1.9873x+0.7991 是一个线性方程。

进行二维拟合时,键入命令

```
m = 2;
fxy2 = polyfit(x,y,m)      % 二维拟合
```

可得结果

```
fxy2 =
    - 2.0350    0.0477    0.4938
```

以上结果表明拟合出的多项式为 fxy2=-2.035x^2+0.0477x+0.4938,是一个 2 阶方程。很明显,二维曲线拟合得到的结果与给定的多项式 y=0.5-2*x^2 极为接近,一维拟合效果较差。

利用多项式估计命令分别计算一维、二维拟合结果的数值,并与原函数值绘在一张图上,程序如下:

```
y1 = polyval(fxy1,x);
y2 = polyval(fxy2,x);
plot(x,y,'o',x,y1,'k:',x,y2,'k')
```

结果见图 1.6,可以看出,二维拟合结果与被拟合点基本重合。

为了使用 poolyfit 命令,必须给出自变量数据组和期望的最佳拟合数据的多项式的阶次。选择不同的阶数,将会得到不同的拟合效果,这一点从上面的例题中可以明显看出。如何选择阶数,需要用户在系统辨识方面有更多的知识,或自行调试,这里不再详细讨论。

1.9.2 插值运算

与曲线拟合不同,插值运算不是试图找出适合于所有自变量数组(x_i,y_i)(其中 $i=1$, $2,\cdots,n$)的全局最优拟合函数 $y=f(x)$,而是要找到一个解析函数连接自变量相邻的两个点

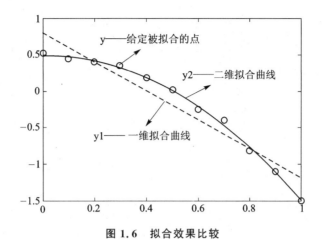

图 1.6　拟合效果比较

$(x_i, x_i + 1)$ 对应的 $(y_i, y_i + 1)$ 的值,由此还可以找到两点间任一位置的对应数值。也就是可以依据数据集 $[(x_1, y_1), (x_2, y_2), \cdots, (x_n, y_n)]$,找到任意用户给定的点 x 对应的 y 值。在 MATLAB 中也使用 table lookup 指令,且 Simulink 中有相应的模块。

　　根据自变量的维数不同,插值方法可以分为一维插值 $y = f(x)$ 和二维插值 $z = f(x, y)$ 等。在许多工程问题上,我们只能获得无规律的离散点上的数值,插值可以帮助我们得到近似的连续过程,便于用数学的解析方法对离散数据进行处理和运算,因此是一个很有用的工具。

　　应当注意的是,使用插值命令时,有两个约束:只能在自变量 x 的取值范围内进行插值运算;自变量 x 必须是单调增加的。

1. 一维插值

　　一维插值是指对一个自变量数组 $[(x_1, y_1), (x_2, y_2), \cdots, (x_n, y_n)]$ 的插值。MATLAB 的一维插值命令可以进行线性插值、三次样条插值和三次插值等。

　　Interp1 是一维插值命令。命令形式如下:

```
z = interp1(x,y,x0,'method')
```

式中,x 和 y 为给定数组;x0 是需要计算的 x 的位置,可以是一个数或一组数据,全部数据应当在 x 的取值范围内。Method 是所用的插值方法,线性插值使用下列方法:

'nearest'——用最接近的相邻点插值;

'linear'——线性插值(默认);

'spline'——三次样条插值;

'cubic'——三次插值。

(1) 线性插值

　　关于线性插值的最简单的例子是 MATLAB 的作图。按默认设置,MATLAB 作图时用直线连接所有的数据点,利用线性插值估计数据点之间的取值。例如,给出下面的程序:

```
x1 = 0:0.01:10;          % 定义 x1 的取值范围,共 1 000 个点
y1 = sin(x1);
x2 = 0:10;              % 定义 x2 的取值范围,共 10 个点
```

```
y2 = sin(x2);
plot(x1,y1,'k',x2,y2,'b*')          %绘图,y1 用'-',y2 用'*'
plot(x2,y2,'k')                     %只绘 y2,用'-'
```

绘图结果见图 1.7 和图 1.8。

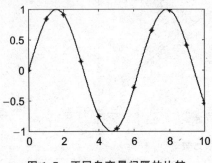

图 1.7 不同自变量间隔的比较

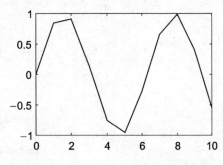

图 1.8 步长为 1 时的 x2,y2 图形

图 1.7 表明,利用 x1 小步长计算的 y1 是正常的 sin(x)曲线;计算 y2 所用步长较大,y2 数组只是 y1 的子集,由图中 * 点表示。图 1.8 表明,只有 y2 各点绘图时,任意两点间用直线连接,绘图程序是用线性插值来得到两点间的数值并连接绘出的。很明显,取不同的步长,显示曲线的近似程度不同。对于一维插值,步长越小越好。

例如,如果 x 和 y 取值如下:

```
x = [0    1    2    3    4    5    6     7     8     9     10];
y = [0.52 0.45 0.4 0.35 0.18 0.02 -0.25 -0.4 -0.81 -1.1 -1.5];
```

则进行下列线性插值运算:

```
p = interp1(x,y,8.5)     %用线性插值求 x = 8.5 处的值
```

得到在 x=8.5 处的 y 值结果为

```
p =
   - 0.9550
```

如果要求一组数据对应的线性插值的值,需要求值的数组如下:

```
x0 = [3.4 4.7 6.1 7.6];    %定义数组 x0
```

则利用线性插值命令:

```
p1 = interp1(x,y,x0)     %用线性插值求数组 x0 对应点上的值
```

结果为

```
p1 =
   0.2820    0.0680    - 0.2650    - 0.6460
```

得出的一组数据 p1 为 x0 对应点上的 y 数值。

(2) 三次样条插值

三次样条插值用一个 3 阶多项式连接相邻的两个点,在每一个点上,相邻两个连续函数的 1 阶、2 阶导数相同。这样可以使连接后的曲线光滑起来,不会出现线性插值的折线连接效果。

使用三次样条插值时,在 interp1 命令中加入'spline'标志。例如,对于上例

```
pp = interp1(x,y,8.5,'spline')        % 用三次样条插值求 x = 8.5 处的值
```

输出结果如下:

```
pp =
    - 0.9701
```

可以看出,用三次样条插值得到的结果与用线性插值得到的结果有所不同。一般来讲,用三次样条插值会得到更为精确的结果,但计算较为复杂,因为必须找出 3 阶多项式。如果步长足够小,则采用线性插值更为合理。

用 'cubic' 标志的三次函数插值与三次样条插值不同,也是找到 3 阶多项式,但使用的方法不同。

2. 二维插值

二维插值基于与一维插值同样的思想,但针对两个自变量的函数 z=f(x,y)进行插值。二维插值可以简单地理解为连续三维空间函数的取值运算,如求解随平面位置变化的温度、湿度、气压等。

二维插值命令形式为

```
zi = interp2(x,y,z,x0,y0,'method')
```

式中,x 和 y 为自变量数组,z 为测量数组,x0 和 y0 为指定的自变量插值计算点数组,method 是二维插值使用的方法,包括:

'nearest'——最近点插值;

'linear'——双线性插值(默认);

'cubic'——三次函数插值 。

二维插值要求所有自变量取值都是单调增加的。

例如,考虑一个平面范围内的温度变化,在多个离散点上测量出当地的温度,数据如下:

```
x = [1     2     3     4     5     6];    % 自变量 x 的取值范围
y = [1     2     3     4];                % y 的取值范围
t = [12    10    11    11    13    15     % 温度 t 的测量值
     16    22    28    35    27    20
     18    21    26    32    28    25
     20    25    30    33    32    30];
```

温度 t 以矩阵形式给出,t 的列数与 x 的维数相同,t 的行数与 y 的维数相同。用三维绘图命令 mesh(x,y,t)可以画出温度变化的三维空间网格图形(见图 1.9),图中用直线连接相邻两点。

只考虑一个方向上的温度变化,如取:

```
x0 = 1:0.1:6;                        % 细化 x 范围
y0 = 2;                             % 指定 y 为常值
t1 = interp2(x,y,t,x0,y0);          % 进行线性插值
t2 = interp2(x,y,t,x0,y0,'cubic');  % 进行三次插值
plot(x0,t1,'k',x0,t2,'k:')          % 线性插值用 '-',三次插值用 ':'
```

比较两个插值结果(见图 1.10),两个插值结果比较接近。

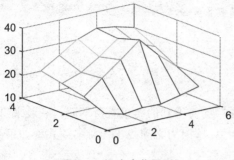

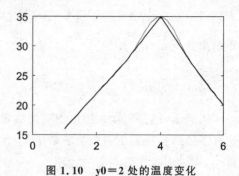

图 1.9   温度变化图形   图 1.10   y0＝2 处的温度变化

考虑两个方向上插值,可以运行以下程序:

```
x0 = 1:0.1:6;          % 将 x0 细化为 51 个点
y0 = 1:0.06:4;         % 将 y0 细化为 51 个点
```

编制 M 函数 f4 如下:

```
function[t3] = f4(x,y,t,x0,y0)
n = length(y0)                  % 测量 y0 的维数
for i = 1:n
    tt = interp2(x,y,t,x0,y0(i));   % 对每一个 y0(i),x0 进行二维插值
    for j = 1:length(tt)
        t3(i,j) = tt(j);            % 插值结果赋于 t3 矩阵第 I 行
    end
end
```

运行该 M 函数,结果存在 t3(x0,yO)矩阵,绘图程序如下:

```
t3 = f4(x,y,t,x0,y0);
mesh(x0,y0,t3)          % 绘 x0,y0,t3 的三维图形
```

绘出的图形见图 1.11。与图 1.9 比较,可以看出在 x 和 y 的范围细化以后,采用线性二维插值,结果比一维插值更为精确。

有关曲线拟合和插值的命令见表 1.13。

表 1.13   曲线拟合和插值函数

命 令	说 明
Polyfit(x, y , n)	对描述 n 阶多项式 y＝f(x)的数据进行最小二乘曲线拟合
Interpl(x, y, xo)	一维线性插值
Interpl(x, y, xo, 'spline')	一维三次样条插值
Interpl(x, y, xo, 'cubic')	一维三次插值
Interp2(x, y, Z, xi, yi)	二维线性插值
Interp2(x, y, Z, xi, yi, 'cubic')	二维三次插值
Interp2(x, y, Z, xi, yi, 'nearest')	二维最近邻插值

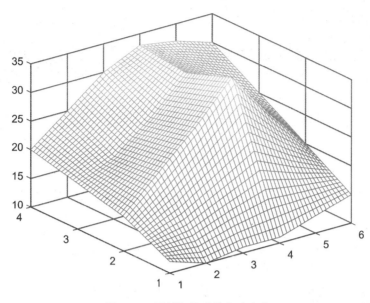

图 1.11　区域细化后的温度变化

在 Simulink 工具箱中,可以选择一维、二维插值运算工具箱,只要给出 x 和 y 数组列表,仿真中程序可以自动完成插值运算。对于复杂飞行控制系统六自由度离散数据建模的仿真,插值模块是很方便、实用的一个工具。

1.10　符号运算

MATLAB 6.0 版本以后,添加了符号数学工具箱。它可以对符号表达式进行运算和处理,大大扩宽了 MATLAB 的应用领域。基本的符号运算包括复合、化简、微分、积分以及求解代数方程式、微分方程式等,进一步可以求解线性代数问题,如求解符号矩阵的逆、行列式、正则行的精确结果,找出符号矩阵的特征值表达式而不会产生数值计算引入的误差。工具箱还支持可变精度运算,由于符号运算不像数值运算那样会产生的运算误差,而是可以在运算最后将数字代入结果,因此避免了中间运算的误差,能够以指定的精度返回结果。

符号数学工具箱的功能建立在 Maple 软件的基础上。该软件最初是由加拿大的 Waterloo 大学开发的。当用户要求 MATLAB 进行符号运算时,它就转入 Maple 去计算并将结果返回到 MATLAB 命令窗口。因此,MATLAB 中的符号运算是 MATLAB 处理数字功能的自然扩展,在复杂方程的推导、证明、系统的公式转换等方面具有快速和精确计算的优势。

1.10.1　符号表达式

符号表达式是包括数字、代数或有理运算和符号变量的 MATLAB 字符串。它不要求变量有预先确定的值。符号方程式是含有等号的符号表达式;符号矩阵是符号组成的数组,其元素是符号表达式;符号运算是使用已知的数学规则和给定的符号恒等式求解这些符号方程,与代数、微积分的求解方法完全一样。下面分别进行介绍。

1. 创建符号表达式

MATLAB 用 sym(' ')命令建立符号表达式。符号表达式表示成字符串,用单引号括起来,以便与数字变量或运算相区别,否则这些符号表达式几乎完全像 MATLAB 命令。表 1.14 中列有几种符号表达式和 MATLAB 等效表达式的例子。

表 1.14   符号表达式与等效的 MATLAB 表达式

符号表达式	MATLAB 符号表达式
$\dfrac{1}{2x^n}$	$'1/(2*x\char`^n)'$
$\dfrac{1}{\sqrt{2x}}$	$'1/sqrt(2*x)'$
$\cos(x^2)-\sin(2x)$	$'\cos(x\char`^2)-\sin(2*x)'$
$m=\begin{bmatrix} a & b \\ c & d \end{bmatrix}$	$m='[a,b;c,d]'$

MATLAB 符号函数可让用户用多种方法来操作这些表达式。

首先,建立符号变量:

```
syms x        % 定义一个符号变量 x
```

键入

```
y = cos(x)
```

结果为

```
y =
cos(x)
```

对符号表达式进行运算,键入

```
c1 = diff(y)      % 求微分
```

结果为

```
c1 =
- sin(x)
```

符号运算的结果也产生符号变量,键入"whos",得到

```
Name      Size          Bytes  Class    Attributes
c1        1x1             8  sym
x         1x1             8  sym
y         1x1             8  sym
```

以上结果表明除了符号变量 x,上面定义的 y 和 c1 也是符号变量。

考虑到如果直接定义符号表达式会与 MATLAB 数值运算混淆,故必须用 sym 命令定义。例如,m=[a,b;c,d] 定义一个数值矩阵 m,其元素为 a、b、c、d,必须赋值了才有效。如果

矩阵元素 a、b、c、d 没有预先赋值,则程序会给出如下错误信息:

```
Undefined function or variable 'a'
```

而下列命令定义 m 为字符串"m='[a,b;c,d]'",得到的结果

```
m =
[a,b;c,d]
```

为文字型字符串。只有下面的命令可以定义符号矩阵:

```
Syms a b c d
m = [a,b;c,d]
```

获得的结果如下:

```
m =
[ a, b]
[ c, d]
```

　　早期的 MATLAB 版本允许不定义符号变量而直接运算,MATLAB 2017a 版本的符号运算要求必须先定义符号变量,再进行运算。

2. 符号常量

　　仅含有数值而不含变量的符号表达式叫作符号常量。例如:

```
f = sym('3 * 4 - 6')        % 定义符号表达式,其中不含符号变量
```

得到常数表示的符号变量,叫作符号常量:

```
f =
    6
```

键入"whos",得到

```
Name      Size              Bytes  Class     Attributes
f         1x1                   8  sym
```

　　f 是一个符号变量,但以数值的形式出现。运行时工作空间上会出现警告,指出 $3*4-6$ 不是一个符号变量,表明所进行的是数值计算。这个符号常量可以与常数进行运算,如可以键入

```
f2 = f + 1
```

结果为

```
f2 =
    7
```

　　f2 仍然是一个符号常量,可以作为数值进行运算。
　　对应符号表达式中的符号常量,其导数为 0。如键入

```
diff(f)
```

结果为

```
ans =
0
```

结果仍然是符号常量。符号常量看起来是数字形式,但是按照符号变量存储的,可以作为常数进行运算。

对于一个全部是数值的符号常量,在输出时直接把它变成了数值。例如,键入

```
syms a
a = 1 + 2^2          %定义一个符号变量
```

再键入"a",结果为

```
a =
    5
```

查询一下:

```
Whos
```

显示:

```
Name    Size           Bytes  Class    Attributes
a       1x1                8   double
```

表明 a 已经是一个数值了,同时在主页右边的 workspace 上也显示 a 的数值是 5,而不是符号变量了。

3. 符号变量

当字符表达式中含有多于一个的变量时,只有一个变量是独立变量,其余的文字符号作为常量处理。如果用户不指定哪一个变量是独立变量,MATLAB 将基于以下规则选择一个独立变量:

> ➤ 除去 i 和 j 的小写字母,表达式中如果没有其他字母,则选择 x 作为独立变量;
> ➤ 如果有多个字符变量,则选择在字母顺序中最接近 x 的字符变量;
> ➤ 如果有相连的字母,则选择在字母表中较后的那一个。

例如,定义符号变量:

```
syms a b c          %定义三个符号变量a,b,c
y = a + 2 * b + 3 * c    %定义符号表达式
```

结果为

```
y =
 a + 2 * b + 3 * c
```

也可以用 syms('a','b',…)定义多个符号变量。键入

```
syms('a','b','c')
```

得到 a、b、c 都是符号变量。如果进行符号表达式的运算,比如求导,键入

```
Diff(y)
```

结果为

```
Ans =
3
```

对于该表达式,由于没有 x,故求导时将 c 作为自变量。

1.10.2　符号表达式的运算

用符号变量组成的数学式子称为符号表达式。MATLAB 中可以对符号表达式进行各种运算。一旦建立了一个符号表达式,符号运算功能就可以完成数值运算中的大部分符号运算。

1. 提取分子和分母

如果表达式是一个有理分式(两个多项式之比),或是叵以展开为有理分式(包括分母为 1 的分式),则可利用 numden 命令来提取分子或分母,必要时还可以进行表达式合并。例如,对于函数 $m = x^2$,键入

```
Syms x                    %定义符号变量 x
m = x^2;                   %定义有理分式 m
[nm,dm] = numden(m)       %求 m 的分子多项式 nm(x) 和分母多项式 dm(x)
```

结果为

```
nm =
x^2
dm =
1
```

以上结果表明,由于 m 表达式中没有分母,结果分母多项式 dm=1。又如,对于函数 $f = \dfrac{x^2}{y^2}$,

键入

```
Syms y
f = x^2/y^2               %定义有理分式 f
[n,d] = numden(f)         %求 f 的分子多项式 n(x) 和分母多项式 d(x)
```

结果为

```
n =
x^2
d =
y^2
```

numden 命令还可以将有理分式进行通分,合并同类项并提取分子和分母。例如,对于函数 $g = \dfrac{3}{2}x^2 + \dfrac{2}{3}x - \dfrac{3}{5}$,键入指令

```
g = 3/2 * x^2 + 2/3 * x - 3/5        %定义有理分式 g
[ng,dg] = numden(g)                 %求分子与分母表达式 ng(x),dg(x)
```

结果为

```
ng =
45 * x^2 + 20 * x - 18
dg =
30
```

结果的分母表达式为 30,是通分的结果。

对于符号数组或符号矩阵,该命令对每一个元素进行上述计算。例如,对于函数 $a =$ $\begin{bmatrix} \dfrac{4}{5} & 2x \\ \dfrac{3}{x} & \dfrac{x+3}{2-x} \end{bmatrix}$,首先给出符号表达式定义,键入

```
a = sym('[4/5, 2 * x; 3/x, (x + 3)/(2 - x)]')        % 有理分式 a 的符号表达式
```

则有

```
a =
[            4/5,            2 * x]
[            3/x, (x + 3)/(2 - x)]
```

键入

```
[na, da] = numden(a)        % 求分子与分母表达式
```

结果为

```
na =
[ 4,       2 * x]
[ 3, - x - 3]
da =
[ 5,       1]
[ x, x - 2]
```

可以看出,分子和分母表达式是分别对每一个元素进行计算求出的。

2. 代数运算

几乎所有的代数运算都可以在符号表达式上执行,指令形式与数值运算相同。如:

➤ 基本运算符+、−、*、/、\、^分别可以进行加、减、乘、左除、右除和幂运算;

➤ 运算符".'"和 transpose 可以完成符号矩阵的转置,运算符 ' 完成非共轭转置;

➤ 逻辑运算符==和~=可以比较符号矩阵相等或不等,相等时输出为真,用 1 表示,不等式输出为假,用 0 表示;

➤ 三角函数 sin、cos、tan,双曲函数 sinh、cosh、tanh 以及三角反函数 asin、acos、atan 等用于符号表达式形式相同;

➤ 指数和对数指令 sqrt 和 exp 可以完成符号表达式的对应运算,log 只能求取自然对数 ln,没有 log2 和 log10 运算;

➤ 复数运算符 conj、real、imag、absh 与数值运算相同,没有相角的运算。

例如,完成符号多项式的加法,定义符号变量和符号表达式:

```
syms x
f = 2 * x - 5              % 定义符号表达式 f
g = x^2 - x + 7            % 定义符号表达式 g
```

键入

```
f + g
```

结果为

```
ans =
x + 2 + x^2
```

键入

```
f - g
```

结果为

```
ans =
 - x^2 + 3 * x  - 12
```

键入

```
g - f
```

结果为

```
ans =
 - x^2 + 3 * x  - 12
```

键入

```
g / f
```

结果为

```
ans =
(x^2 - x + 7)/(2 * x - 5)
```

该结果表明,两个符号表达式相除,只能得出符号表达式。如果想得到表达式的结果,要用 eval 命令。例如,键入

```
x = 3;
eval(y)          % 计算 y 的数值
```

结果为

```
ans =
    13
```

3. 高级运算

符号表达式的高级运算包括表达式的复合、求逆函数、求前 $n-1$ 项和等。

(1) 命令 compose

命令 compose 把 $f(x)$ 和 $g(x)$ 复合成 $f(g(x))$。

例如,键入下面的指令:

```
syms x
f = cos(x)                    %定义函数 f
g = 3 * x^2                   %定义函数 g
compose(f,g)                 %求 f(g(x))
```

结果为

```
ans =
cos(3 * x^2)
```

键入

```
compose(g,f)                 %求 g(f(x))
```

结果为

```
ans =
3 * cos(x)^2
```

重新定义 g 为 v 的函数

```
g = sym('3 * v^2')
```

compose 命令可以找到对 v 的复合函数。例如,键入

```
compose(f,g,'x','v')         %求 f(g(v))
```

结果为

```
ans =
cos(3 * v^2)
```

(2) 命令 finverse 求表达式的逆函数

表达式 $f(x)$ 的逆函数 $g(x)$ 满足 $g(f(x))=x$。命令 finverse 给出表达式的逆函数,如果解不唯一,就给出警告。例如,对于函数 $p=e^x$,其逆函数为 $\ln x$,即有 $\ln e^x=x$。如果键入

```
p = sym('e^x')               %定义 p = e^x
finverse(p)                  %求逆函数
```

得到

```
ans =
log(x)
```

结果相当于 $\ln(x)$,因为 $\ln(e^x)=x$。

又如,键入

```
Syms v
g = 3 * v^2;                 %定义 g = 3v^2
m = finverse(g)              %求逆函数
```

结果为

```
m =
   (3^(1/2) * v^(1/2))/3
```

验算：$g(f(x)) = 3 * [m^2] = 3 * [(3^(1/2) * v^(1/2))/3]^2 = v$。

4. 函数变换与代替

MATLAB 的符号运算功能可以将符号表达式变换成数值或反之。有些符号函数可返回数值。

(1) 命令 eval

命令 eval 可以计算符号表达式的值。例如，定义 f 和 x 为符号变量，键入

```
Syms x                  %定义 x 为符号变量
f = 1 + x^2             %定义符号表达式
x = 2                   %为 x 赋值数值 2
p = eval(f)            %求符号表达式的值
```

可得

```
p =
5
```

结果是将 x 的数值代入 f 再求数值，结果 p 已经是数值了。

(2) 命令 sym2poly

命令 sym2poly 可以将符号表达式转换为数值多项式的系数向量；命令 poly2sym 的功能相反。例如，键入

```
f = sym('1 + x^2')      %定义符号表达式 f
fp = sym2poly(f)       %f 转换为一般多项式 fp
```

得到

```
fp =
    1    0    1
```

而键入

```
fs = poly2sym(fp)       %将 fp 转换为符号表达式 fs
```

结果为

```
fs =
x^2 + 1
```

转换后的符号表达式 fs 与 f 相同。

(3) 命令 subs

命令 subs(f,'old','new') 可以在符号表达式中进行变量替换，用"new"字符串代替各个"old"字符串。例如，键入

```
syms x v p              %定义符合变量 x,v,p
f = 1 + x^2            %定义符号表达式 f
f1 = v + 5 - p         %定义符号表达式 f1
subs(f,x,f1)          %用 f1 的 v + 5 - p 代替 x
```

结果为

```
ans =
(v - p + 5)^2 + 1
```

以上结果表明,利用 subs 命令可以完成复杂函数的替换。这在推导公式中是很重要的。

1.10.3　微分和积分

微分和积分是微积分学研究和应用的核心,并广泛地用在许多工程学科中。MATLAB 符号运算功能可以解决许多这类问题。

1. 微　分

符号表达式的微分利用命令 diff 完成,有以下四种形式:

```
syms a x b
p = 'a * x^2 + b * x'          % 定义符号表达式 p
```

键入命令

```
diff(p)          % 对默认变量 x 求微分
```

结果为

```
ans =
b + 2 * a * x
```

键入

```
diff(p,'a')          % 对指定变量 a 求微分
```

结果为

```
ans =
x^2
```

键入

```
diff(p,2)          % 对默认变量 x 求二阶微分
```

结果为

```
ans =
2 * a
```

键入

```
diff(p,'a',2)          % 对指定变量 a 求二阶微分
```

结果为

```
ans =
0
```

另外,diff 命令还可以对数组中的数值逐项求差值。例如,键入

```
a = [(1:8).^2]          % 定义数组 a 的 1～8 个元素为各自的平方
```

得到数组

```
a =
     1     4     9    16    25    36    49    64
```

利用

```
diff(a)
```

可得到

```
ans =
     3     5     7     9    11    13    15
```

结果求出了数组 a 中相邻两项之间的差。对于离散数据,diff 可以求其数据之间的差分。

2. 积　分

符号运算的积分命令为 int(f,x),其中 f 是一个符号表达式。积分的目的是求出另一个符号表达式 P,使其微分满足 diff(P)=f。积分命令有多种表达形式,例如:

```
f = 'cos(2 * x) + s^2'    % 建立符号表达式 f
int(f,x)                  % 对 x 求不定积分
```

结果为

```
ans =
x * s^2 + sin(2 * x)/2
```

键入

```
int(f,s)                % 对 s 求积分
```

结果为

```
ans =
cos(2 * x) * s + 1/3 * s^3
```

键入

```
int(f,x, - pi/2,pi/2)       % 对 x 求从 - pi/2 到 pi/2 的定积分
```

结果为

```
ans =
pi * s^2
```

键入

```
int(f,s, - 2,2)         % 对 s 求从 - 2 到 2 的定积分
```

结果为

```
ans =
8 * cos(x)^2 + 4/3
```

一般来讲,积分比微分复杂得多。一个函数的积分或逆求导的解不一定以封闭形式存在；或虽然存在,但 MATLAB 软件找不到；或虽然可以明显地求解,但超过内存或时间限制。出于上述种种原因,当 MATLAB 不能找到逆导数时,将返回未经计算的命令。例如,键入

```
syms x
b = sin(x)/exp(x^2)
int('b')
```

结果如下:

```
ans =
int(sin(x)/exp(x^2),x)
```

符号微分和积分命令都可以对符号矩阵进行微分和积分,对矩阵的每一个元素进行运算和处理。

1.10.4　符号表达式画图

MATLAB 的命令 ezplot 将符号表达式可视化。对于一个自变量的函数,可视化实际上是求解自变量各点上的函数值并绘图的过程。例如,定义如下一个符号表达式:

```
syms x
y = 2 * x^2 - 3 * x + 10          % 定义表达式
ezplot(y)                         % 程序自动选择自变量范围绘图
ezplot(y,[ - 10 10])              % 给定自变量范围绘图
```

该命令的绘图结果如图 1.12 和图 1.13 所示,表示了同一个函数在不同的自变量范围情况下的图形。

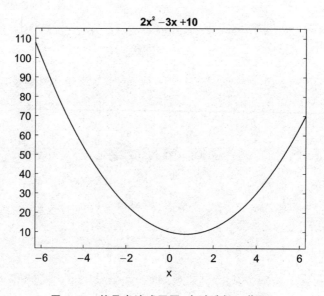

图 1.12　符号表达式画图,自动选择 x 范围

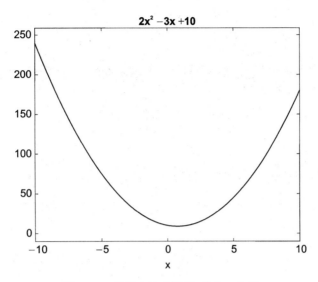

图 1.13　符号表达式画图,给定 x 范围

1.10.5　符号表达式的简化

对于一些冗长繁复、难以理解的符号表达式,MATLAB 提供了许多方法可以将其进行简化、约分、合并同类项等处理,使表达式变得更简洁易懂。

1. collect 命令

collect 命令可以合并同类项,给出降幂排列形式,如键入

```
syms x
f = (x^2 - 1) * (x - 2)        % 定义符号表达式 f
collect(f)                      % 合并同类项,打开括号
```

结果为

```
ans =
x^3 - 2 * x^2 - x + 2
```

2. horner 命令

horner 命令可将降幂排列的多项式变成嵌套形式,对上面的结果进一步处理,键入

```
horner(ans)
```

结果为

```
ans =
x * (x * (x - 2) - 1) + 2
```

3. factor 命令

factor 命令将表达式分解因式,键入

```
factor(f)
```

结果为

```
ans =
[ x - 1, x + 1, x - 2]
```

给出了 f 表达式的所有因子。

4. expand 命令

expand 命令展开表达式,给出降幂排列形式,键入

```
expand(f)
```

结果为

```
ans =
x^3 - 2 * x^2 - x + 2
```

5. simplify 命令

simplify 是一个功能强大、通用的工具。它利用各种类型的代数恒等式,包括求和、积分和分数幂、三角、指数和 log 函数等来简化表达式。例如,键入

```
y = sym('sin(x)^2 - 2 * x + cos(x)^2')      % 定义表达式 y
simplify(y)                                 % 简化表达式 y
```

它利用 $\sin^2(x) + \cos^2(x) = 1$,得到

```
ans =
1 - 2 * x
```

对于函数

```
y = sym('(x^2 - 1) * (x + 2)/(x + 1)')      % 定义表达式 y
simplify(y)                                 % 简化表达式 y
```

利用因式分解和表达式除法,可以得到

```
ans =
x^2 + x - 2
```

以上结果都获得了简化的形式。

1.10.6　可变精度算术运算

计算机内的数值计算精度受到每次计算结果所保留的位数(字长、字节数)的限制,例如,如果保留位数是 16 位,则第 17 位以后的数据将被舍去。因此,任何数值运算都会引入舍入误差,重复多次的数值运算还会造成累计误差。而 MATLAB 的符号运算是对符号表达式的运算,结果是非常准确的,因为不需要进行数值运算,所以没有舍入误差。对符号运算的最终结果用函数 eval 或 numeric 求其数值,仅在结果转换时会引入一次性的舍入误差,因而提高了运算的精度。从原理上来讲,符号运算可以实现任何数位的运算,但当保留位数增加时,每次

计算就需要附加时间和计算机内存。

Maple 的默认位数为 16 位精度，命令 digits 根据定义的位数给出当前的数值。命令 dig-its(n)可以改变位数，其中 n 是所期望精度的数位。用这种方法可以提高运算的精度，但其副作用是每个随后进行的 Maple 函数的计算都以新的精度为准，增加了对计算的时间和存储空间的要求。计算结果的显示不会改变，只有所用的 Maple 函数的默认精度受到影响。

另一个函数 vpa 可以用默认的精度或任何指定的精度实现单个符号表达式的计算，以同样的精度来显示结果，从而使全局的 digits 参数不变。例如，已知 π 的值，指令和结果如下：

```
pi
```

结果如下：

```
ans =
    3.1416
```

键入

```
format long        % 用 16 位表示
pi
```

结果如下：

```
ans =
    3.14159265358979
```

键入

```
digits             % 设置当前符号运算默认位数
```

结果如下：

```
Digits = 32
```

键入

```
vpa('pi')          % 用默认精度(32 位)显示
```

结果如下：

```
ans =
3.1415926535897932384626433832795
```

键入

```
vpa('pi',20)       % 用 20 位精度显示
```

结果如下：

```
ans =
3.1415926535897932385
```

键入

```
vpa('pi',50)       % 用 50 位精度显示
```

结果如下：

```
ans =
3.1415926535897932384626433832795028841971693993751
```

当然，还可以选择更多或更少的位数，以得到不同的精度。vpa 命令也可用于符号矩阵，并对矩阵的每一个元素进行上述处理。

1.10.7　符号方程求解

用 MATLAB 的符号工具箱还可以求解符号方程。

1. 解单个代数方程

MATLAB 用 solve 命令求解符号方程。如果表达式不是一个方程式(不含等号)，则在求解之前自动将表达式设置成等于 0。它可以求解 $f(x)=0$ 或 $y(x)=f(x)$ 两种形式的代数方程。

例如，键入命令：

```
Syms x a b c        % 定义符号变量
f = a * x^2 + b * x + c
solve(f)            % 求二次方程的根
```

结果为

```
ans =
 -(b + (b^2 - 4 * a * c)^(1/2))/(2 * a)
 -(b - (b^2 - 4 * a * c)^(1/2))/(2 * a)
```

键入

```
solve(f,b)      % 对变量 b 求解
```

结果为

```
ans =
 -(a * x^2 + c)/x
```

键入

```
f1 = 'a * x^2 = c + b'      % 定义表达式,解带 = 号的方程时需要这种' '形式定义表达式
solve(f1)                  % 解 y(x) = f(x)形式的方程
```

可得到

```
ans =
(b + c)^(1/2)/a^(1/2)
 -(b + c)^(1/2)/a^(1/2)
```

键入

```
solve('a * x^2 = c + b','b')      % 对变量 b 求解
```

得到结果

```
ans =
a * x^2 - c
```

注意：在求解带有周期函数的方程时，有无穷多个解。这时，solve 命令在最接近于 0 的范围内（如±2π,±π,±π/2 等）搜索，返回一个在最小范围内得到的解。如果不能求得符号解，就返回可变精度数值解。例如，键入

```
digits(5)                    % 设置 5 位精度
solve('log(x) = tan(x)')     % 求解 log(x) = tan(x)的解
```

结果为

```
ans =
 - 23.724 + 0.15513i
```

由于找不到解析解，故结果返回了数值解，精度为 5 位。

2. 代数方程组求解

solve 命令还可以同时求解若干代数方程，有以下两种调用形式：

➢ solve(sl,s2,…,sn)——对默认变量求解 n 个方程；

➢ solve(s1,s2,……,sn,'v1,v2… vn')——对 n 个未知数 v1,v2,…,vn 求解 n 个方程。

例如，分别给出符号表达式 f1、f2、f3 如下：

```
f1 = 'x + y + z = 2 * b';         % 定义 f1
f2 = '2 * x + y + 2 * z = 2 * b'; % 定义 f2
f3 = '2 * x + 2 * y + z = 5 * b'; % 定义 f3
```

求解上述 3 阶代数方程，键入

```
[xx,yy,zz] = solve(f1,f2,f3)
```

结果为

```
xx =
b
yy =
2 * b
zz =
 - b
```

3. 解单个微分方程

用 MATLAB 符号工具箱的 dsovle 命令可以求解微分方程。比起一般的数值解，用符号运算解微分方程求得的解析解更具有理论研究意义。

在微分方程的表达式中，包含微分符号。Dsovle 命令中用大写字母 D 来表示求微分，D2、D3 等表示二次、三次重复求微分。例如，方程 $dy^2/d^2x = 0$ 用符号表达式 D2y=0 来表示。独立变量默认为 t，也可以由用户指定。例如，给出一个一阶方程及初始条件：

$$\frac{dy}{dt} = 1 + y^2, \quad y(0) = 1$$

求解该方程,键入

```
dsolve('Dy = 1 + y^2')        % 求一阶微分方程的通解
```

得到

```
ans =
tan(C2 + t)
```

式中,C2 为积分常数。键入

```
dsolve('Dy = 1 + y^2','y(0) = 1')        % 给定初始条件,求特解
```

结果为

```
ans =
an(t + pi/4)
```

键入

```
dsolve('Dy = 1 + y^2','y(0) = 1','x')        % 改变自变量为 x
```

结果为

```
ans =
tan(x + pi/4)
```

求解二阶微分方程,需要给出两个初始条件 Dy(0) 和 y(0)。例如,有

$$\frac{\mathrm{d}^2 y}{\mathrm{d}t^2} = \cos(t) - y, \quad \frac{\mathrm{d}y}{\mathrm{d}t}(0) = 0, \quad y(0) = 1$$

求解方程,键入

```
dsolve('D2y = cos(t) - y','Dy(0) = 0','y(0) = 1')        % 解二阶微分方程
```

结果为

```
ans =
cos(3 * t)/8 + (7 * cos(t))/8 + sin(t) * (t/2 + sin(2 * t)/4)
```

简化结果为

```
simplify(ans)
```

得到

```
ans =
cos(t) + (t * sin(t))/2
```

4. 解微分方程组

dsolve 命令也可同时处理若干个微分方程式。例如,求解如下线性一阶方程组的解:

$$\frac{\mathrm{d}x}{\mathrm{d}t} = 3x + 4y, \quad \frac{\mathrm{d}y}{\mathrm{d}t} = -4x + 3y$$

键入命令

```
[x,y] = dsolve('Dx = 3 * x + 4 * y','Dy = - 4 * x + 3 * y')        % 求通解
```

结果为

```
x =
C14 * cos(4 * t) * exp(3 * t) + C13 * sin(4 * t) * exp(3 * t)
y =
C13 * cos(4 * t) * exp(3 * t) - C14 * sin(4 * t) * exp(3 * t)
```

结果中的 C13 和 C14 是积分常数。若加入初始条件,则可求出特解。键入

```
[x,y] = dsolve('Dx = 3 * x + 4 * y','Dy = - 4 * x + 3 * y','x(0) = 0,y(0) = 1')        % 加入初始条件
```

结果为

```
x =
exp(3 * t) * sin(4 * tsin(4 * t) * exp(3 * t)
y =
cos(4 * t) * exp(3 * t)
```

1.10.8　线性代数和符号矩阵

MATLAB 用线性代数求解符号矩阵问题。

1. 建立符号矩阵

符号矩阵和向量都是数组,其元素为符号表达式,用 sym 命令产生。建立的符号矩阵,用行向量表示。例如,键入

```
s = sym('[cos(x),a - b;cd,2 + x]')
```

结果显示这是一个符号矩阵:

```
s =
[ cos(x),    a - b]
[    cd,    2 + x]
```

要改变某个元素,可以直接赋值:

```
s(1,1) = 'sin(x)'        % 改变矩阵元素
```

结果显示

```
s =
[ sin(x),    a - b]
[    cd,    2 + x]
```

sym 命令可以将数值矩阵转换为符号矩阵,以便于进行符号运算。例如:

```
x = [1.1,exp(1);2.1,sqrt(2)]        % 定义数值矩阵
```

显示

```
x =
    1.1000    2.7183
    2.1000    1.4142
```

键入

```
xx = sym(x)                    %转换为符号矩阵
```

结果为

```
xx =
[ 11/10, 3060513257434037/1125899906842624]
[ 21/10,                          2^(1/2)]
```

由结果可以看出,对于一般常数,如 1.1 和 2.1,符号常数用 11/10 和 21/10 表示;对于无理数 exp(1)和 sqrt(2)等,用符号浮点数或符号表达式表示。

2. 矩阵代数运算

用＋、－、＊、/命令可以进行符号矩阵的加法、减法、乘法、除法等代数运算,用^命令可计算乘幂,用".'"或 transpose 命令可以给出符号矩阵的转置。例如,键入如下命令:

```
y = sym('[cos(t),sin(t);-sin(t),cos(t)]')      %定义符号矩阵 y
```

结果为

```
y =
[  cos(t),   sin(t)]
[ -sin(t),   cos(t)]
```

键入

```
yt = transpose(y)         %求转置矩阵 yt
```

结果为

```
yt =
[  cos(t), -sin(t)]
[  sin(t),  cos(t)]
```

键入

```
yy = y * yt                    %计算 y * yt
```

结果为

```
yy =
[ cos(t)^2 + sin(t)^2,                   0]
[                   0, cos(t)^2 + sin(t)^2]
```

键入

```
simplify(yy)               %简化 yy
```

结果为

```
ans =
[1, 0]
[0, 1]
```

由以上计算结果可知,该矩阵满足 y×y′=I,是正交矩阵。

3. 线性代数运算

在 MATLAB 的当前版本中,符号矩阵运算的命令形式与数值矩阵运算命令相同,即同一个命令既可以用于数值矩阵,也可以用于符号矩阵,但得出的解的形式不同。用于数值矩阵则得出数值解,而用于符号矩阵则得出符号表达式。

(1) inv 求矩阵的逆矩阵

对于矩阵 y

```
y =
[  cos(t),   sin(t)]
[ - sin(t),   cos(t)]
```

键入命令

```
inv(y)
```

结果为

```
ans =
[  cos(t)/(cos(t)^2 + sin(t)^2),  - sin(t)/(cos(t)^2 + sin(t)^2)]
[  sin(t)/(cos(t)^2 + sin(t)^2),   cos(t)/(cos(t)^2 + sin(t)^2)]
```

(2) det 命令

det 命令可计算符号矩阵的行列式,键入命令

```
det(y)
```

结果为

```
ans =
cos(t)^2 + sin(t)^2
```

(3) charpoly 命令

charpoly 命令可用来求解矩阵的特征多项式,键入命令

```
charpoly(y)
```

结果为

```
ans =
[1, - 2 * cos(t), cos(t)^2 + sin(t)^2]
```

(4) eig 命令

[v,e]=eig(a)可以求得符号矩阵的特征根和特征向量,但要求矩阵元素是有理数。例如,键入

```
syms a
a = [2,1;1,4]        % 定义符号矩阵
```

得到

```
a =
     2      1
     1      4
```

键入

```
[p,e] = eig(a)        % 求解特征根 p 和特征向量 e
```

得到

```
p =
[ - 2^(1/2) - 1, 2^(1/2) - 1]
[            1,            1]
e =
[ 3 - 2^(1/2),            0]
[           0, 2^(1/2) + 3]
```

所得到的解仍然是符号表达式。

(5) jordan 命令

[v,j]=jordan(A)可以得到矩阵的约当(Jordan)标准型,得到的 v 是 A 的特征向量矩阵,j 是特征值的对角矩阵。例如,对于前面给出的符号矩阵 a,键入

```
[v,j] = jordan(a)
```

得到

```
v =
[ - 2^(1/2) - 1, 2^(1/2) - 1]
[            1,            1]
j =
[ 3 - 2^(1/2),            0]
[           0, 2^(1/2) + 3]
```

(6) svd 命令

svd 命令可用来求解矩阵奇异值。键入命令

```
svd(a)
```

结果为

```
ans =
(6 * 2^(1/2) + 11)^(1/2)
(11 - 6 * 2^(1/2))^(1/2)
```

表 1.15～表 1.20 综合给出了符号工具箱的命令和应用。

表 1.15　符号表达式的简化

命　令	说　　明
collect	合并同类项
xepand	展开
factor	因式
simplify	简化
symsum	和级数

表 1.16　符号多项式

命　令	说　　明
charpoly	特征多项式
horner	嵌套多项式表示
numden	分子或分母的提取
poly2sym	多项式向量到符号的转换
sym2poly	符号到多项式向量的转换

表 1.17　符号微积分

命　令	说　　明
diff	微分
int	积分
jordan	约当标准型
taylor	泰勒级数展开

表 1.18　符号可变精度算术

命　令	说　　明
digits	设置可变精度
vpa	可变精度计算

表 1.19　求解符号方程

命　令	说　　明
compose	函数的复合
dsolve	微分方程的求解
finverse	逆函数
linsolve	齐次线性方程组的求解
solve	代数方程的求解

表 1.20　符号线性代数

命　令	说　　明
charploy	特征多项式
det	矩阵行列式的值
eig	特征值和特征向量
inv	逆矩阵
jordan	约当标准型
transpose	矩阵的转置

还有很多指令,这里不再一一列出。

1.11　本章小结

本章讨论了 MATLAB 的基本运算,包括数据定义、格式、输入/输出方式;矩阵、向量和多项式运算的基本指令;逻辑与关系运算、符号运算的基本指令;曲线拟合与插值运算等。所有的运算都可以用 M 文件描述和执行。想要掌握好 MATLAB 语言功能,就必须要掌握好基本运算和自由编制 M 文件。

习　题

1. 用 MATLAB 语言可以求解线性代数中的哪些问题?
2. 用符号工具箱能否解高等数学中的定积分?试举例说明。

3. M 函数可以用来描述哪一类函数？可以描述动态环节吗？

4. 给出图 1.14 和图 1.15 所示的非线性函数的数学描述,自行选择 x 变量的范围,编制 M 函数或 M 文件绘出其图形。

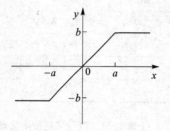

图 1.14　饱和非线性

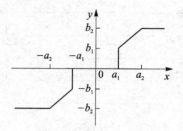

图 1.15　继电饱和非线性

5. 已知矩阵

$$\boldsymbol{a} = \begin{bmatrix} 1 & 2 & 3 \\ 4 & 5 & 6 \\ 7 & 8 & 9 \end{bmatrix}, \quad \boldsymbol{b} = \begin{bmatrix} 1 & 0 & 1 \\ 0 & 2 & 1 \\ 0 & 0 & 3 \end{bmatrix}$$

试求:(1) $a*b, a.*b, a/b, a\backslash b$,分析结果;

(2) $\sin a, a^b$,分析结果。

6. 利用 for 和 while 循环语句求

$$\mathrm{sum} = \sum_{i=0}^{1\,000} x_i^2 - 2x_i$$

当 sum>1 000 时停止运算。

7. 求多项式 $x^8 + x^6 - 2x^5 + x^3 + 1 = 0$ 的根,求其对 x 的一阶、二阶微分多项式。

8. 已知 $y = x^2$,在 $x \in [-10, 10]$ 上等距离取 20 个点,求出对应的 y 数组。给每个 y 的元素上加 ± 0.05(或正或负),用曲线拟合方式求出 $y_1 = f(x)$,将结果与 $y = x^2$ 相比较。

9. 给定矩阵 $\boldsymbol{a} = \begin{bmatrix} a_{11} & a_{12} \\ a_{21} & a_{22} \end{bmatrix}$,利用符号语言求矩阵 $\boldsymbol{a}^{-1}$。将 $a_{ij} = i/j, i = 1, 2, j = 1, 2$ 代入矩阵 $\boldsymbol{a}$ 和 $\boldsymbol{a}^{-1}$,验证结果是否正确。

10. 已知数组 $x = 0, 100, y = 2x + 1$,使用插值方法求 $x = [0.5, 10.2, 28.9, 45.3]$ 对应的 y 的值。

第2章 图形与可视化

MATLAB具有很强的绘图功能,可以绘制多种二维、三维图形,也可以进行动画演示。本章将详细介绍各种图形的绘制命令。用户可以利用不同的色彩、线条和模块绘制出令自己满意的图形。

2.1 二维绘图的plot指令

MATLAB最常用的二维绘图指令是plot指令。该指令将各个数据点用直线连接来绘制图形。MATLAB的其他二维绘图指令中的绝大多数是以plot为基础构造的。plot指令打开一个默认的图形窗口,自动将数值标尺及单位标注加到两个坐标轴上。如果已经存在一个图形窗口,则plot指令将刷新当前窗口的图形。

下面举一个简单的例子。

键入命令:

```
x = 0:0.01:2;        %图形的横坐标数据准备
y = sin(2 * pi * x);  %图形的纵坐标数据准备
plot(x,y);           %绘制图形
grid                 %加网格
```

得到的图形如图2.1所示,图中横坐标为x,纵坐标为y。

plot指令的调用格式如下:

    plot(x1,y1,'参数 1', x2,y2,'参数 2'...)

plot可以用同一命令在同一坐标系中画多幅图形。x1和y1为第一条曲线在x轴和y轴的坐标值,参数1为第一条曲线的选项参数;x2和y2为第二条曲线在x轴和y轴的坐标值,参数2为第二条曲线的选项参数;依次类推。具体说明如下。

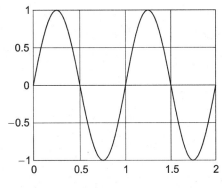

图2.1 二维图形 y=sin(2 * pi * x)

1. x,y 数据值

x和y可以是向量或矩阵。

① 当x和y均为向量时,要求向量x与向量y长度相同,则plot(x,y)绘制出以x为横坐

标,以 y 为纵坐标的二维图形。

② 当 x 为向量,y 为矩阵时,plot(x,y)用不同颜色的图线绘制出 y 行或列对于向量 x 的图形。矩阵 y 的行或列的选择取决于 x,y 的维数,若 y 为方阵或矩阵 y 的列向量长度与向量 x 的长度一致,则绘制出矩阵 y 的各个列向量相对于向量 x 的一组二维图形;若矩阵 y 的行向量长度与向量 x 的长度一致,则绘制出矩阵 y 的各个行向量相对于向量 x 的一组二维图形。

③ 若 x 为矩阵,y 为向量,则与②的规则类似。

④ 若 x、y 是同维的矩阵,则 plot(x,y)绘制出 y 的列向量相对于 x 的列向量之间的一组二维图形。

⑤ 若 x 为向量,则 plot(x)绘制一个 x 元素和 x 元素排列序号之间关系的线性坐标图。

⑥ 若 x 为矩阵,则 plot(x)绘制出 x 的列向量相对于行号的二维图形。

2. 参　数

参数选项为一个字符串,决定了二维图形的颜色、线型及数据点的图标。表 2.1～表 2.3 分别给出了颜色、线型和标记的控制字符。

表 2.1　颜色控制符

字　符	颜　色	字　符	颜　色
b	蓝色	m	紫红色
c	青色	r	红色
g	绿色	w	白色
k	黑色	y	黄色

表 2.2　线型控制符

符　号	线　型	符　号	线　型
—	实线(默认)	:	点连线
_.	点划线	——	虚线

以 plot(x,y,'r:o')命令为例,字符串 'r:o' 中,第一个字符"r"表示曲线颜色为红色,第二个字符":"表示曲线线型采用点连线,"o"表示曲线上每一个数据点处用圆圈标出。当参数只指定数据点标记时,只按照标记字符画出孤立的数据点,不将数据点连接成线。

例如,键入如下命令:

```
t = 0:0.5:7;
x = sin(t);
plot(t,x,'k:o')
```

得到结果如图 2.2 所示。

表 2.3　数据点标记字符

控制符	标记符	控制符	标记符
.	点	h	六角形
+	十字号	p	五角星
○	圆圈	∨	下三角
*	星号	∧	上三角
x	叉号	>	右三角
s	正方形	<	左三角
d	菱形		

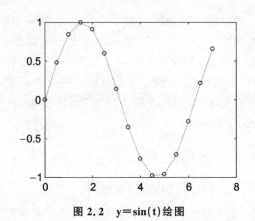

图 2.2　y＝sin(t)绘图

2.2　图形修饰与控制

MATLAB 提供了一系列图形修饰函数,用于对 plot 指令绘制的图形进行修饰和控制。

2.2.1　坐标轴的调整

MATLAB 用 axis 指令对绘制的图形的坐标轴进行调整。axis 指令的功能非常丰富,用来控制轴的比例和特性。

1. 坐标轴比例控制

命令“axis([xmin xmax ymin ymax])”将图形的 x 轴范围限定在[xmin,xmax]内,y 轴范围限定在[ymin,ymax]内。MATLAB 绘制图形时,按照给定的数据值确定坐标轴参数范围,对坐标轴范围参数的修改,相当于对原图形进行放大或缩小处理。

例如,在绘出图 2.2 之后,加一条命令“axis([0 3 * pi -2,2])”,则图 2.2 变为图 2.3。图中,横轴为 t,纵轴为 y,整个图形的取值范围按照命令要求设置。

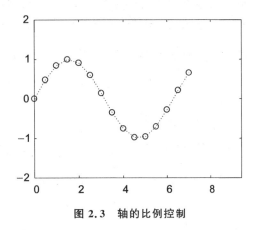

图 2.3　轴的比例控制

2. 坐标轴特性控制

命令 axis(控制字符串)根据表 2.4 中所列的功能控制图形。

表 2.4　axis 控制字符

控制字符	命令功能
Auto	自动设置坐标系(默认):xmin＝min(x);xmax＝max(x) ymin＝min(x);ymax＝max(y)
Square	将图形设置为正方形图形
Equal	将图形的 x、y 坐标轴的单位刻度设置为相等
Normal	关闭 axis(square)和 axis(equal)命令的作用
Xy	使用笛卡儿坐标系
Ij	使用 matrix 坐标系。即:坐标原点在左上方,x 坐标从左向右增大,y 坐标从上向下增大
On	打开所有轴标注、标记和背景
Off	关闭所有轴标注、标记和背景

3. 坐标刻度标示

命令:set(gca,‘xtick’,标示向量)

　　　　　　　　　　set(gca,'ytick',标示向量)
按照标示向量设置 x、y 轴的刻度标注。
　　命令:set(gca,'xticklabel','字符串|字符串…')
　　　　　　　set(gca,'yticklabel','字符串|字符串…')
按照字符串设置 x、y 轴的刻度标注。
　　例如,键入如下命令:

```
t = 0:0.05:7;
plot(t,sin(t))
set(gca,'xtick',[0 1.4 3.14 5 6.28])
```

得到的结果见图 2.4。图中,横轴根据给定的数组标注刻度。
　　如果键入如下命令:

```
set(gca,'xticklabel','0|1.4|half|5|one')
```

则横轴用字符串标注,结果如图 2.5 所示。

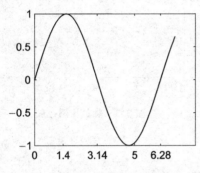
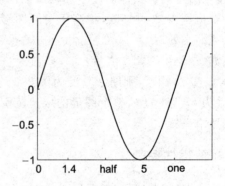

图 2.4　横轴用数组标注的图形　　　　　图 2.5　横轴用字符串标注的图形

2.2.2　文字标示

　　有关图形的标题、轴线标注等指令如下:
title('字符串')——图形标题;
xlable('字符串')——x 轴标注;
ylable('字符串')——y 轴标注;
text(x,y,'字符串')——在坐标(x,y)处标注说明文字;
gtext('字符串')——用鼠标在特定处标注说明文字。
输入特定的文字需要用反斜杠(\)开头,用法见表 2.5。
　　例如,键入如下命令:

```
t = 0:0.05:2 * pi;
plot(t,sin(t))
set(gca,'xtick',[0 1.4 3.14 5 6.28])
xlabel('t(deg)')
ylabel('magnitude(V)')
title('This is a example 0 \rightarrow 2\pi')
```

```
text(3.14,sin(3.14),'\leftarrow this is zero for \pi')
grid
```

结果如图 2.6 所示。

表 2.5 特殊字符

输入字符	表示的特殊字符
\pi	π
\alpha	α
\beta	β
\leftarrow	←
\rightarrow	→
\bullet	•

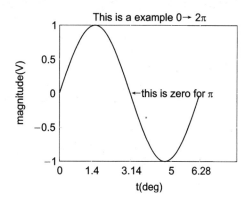

图 2.6 图中加入文字标示

2.2.3 网格控制

网格控制命令用于设置或取消网格,网格是在坐标刻度标示上画出的格线。画出网格,便于对曲线进行观察和分析。

命令:grid on——在所画的图形中添加网格线;

　　　grid off——在所画的图形中去掉网格线。

也可以只输入命令 grid 添加网格线,再一次输入命令 grid 则取消网格线。

图 2.6 中的网格就是执行 grid 命令后的结果。

2.2.4 图例注解

当在一个坐标系上画有多幅图形时,为区分各个图形,MATLAB 提供了图例的注解说明命令:

　　　legend(字符串 1,字符串 2,…,参数)

此命令在图形中开启一个注解视窗,依据绘图的先后顺序,依次输出字符串对各个图形进行注解说明。如字符串 1 表示第一个出现的线条,字符串 2 表示第二个出现的线条,参数字符串确定注解视窗在图形中的位置,其含义见表 2.6。同时,注解视窗可以用鼠标指针拖动,以便将其放置在一个合适的位置。

表 2.6 参数字符串的含义

参数字符串	含　义
0	尽量不与数据冲突,自动放置在最佳位置
1	放置在图形的右上角(默认)
2	放置在图形的左上角
3	放置在图形的左下角
4	放置在图形的右下角
−1	放置在图形视窗外右边

例如,键入如下命令:

```
x = 0:.2:12;
plot(x,sin(x),'-',x,1.5 * cos(x),':');
legend('First','Second');
```

结果如图 2.7 所示。

在图 2.7 的基础上,执行命令:

```
legend('First','Second', - 1)        % 强行将注解视窗放置在图形视窗外的右方
```

结果如图 2.8 所示。

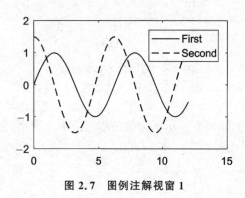
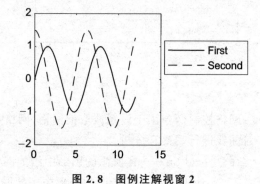

图 2.7　图例注解视窗 1　　　　　　　　　　　图 2.8　图例注解视窗 2

2.2.5　图形的保持

hold 命令用于保持当前图形。

用 plot 命令绘图时,首先将当前图形窗口清屏,再绘制图形,因此只能见到最后一个 plot 命令绘制的图形。

为了能利用多条 plot 命令绘制多幅图形,故需要保持窗口上的图形。

命令:hold on——保持当前图形及轴系的所有特性。

　　　　hold off——解除 hold off 命令。

例如,键入如下命令:

```
x = 0:.2:12;
plot(x,sin(x),'-')
hold on
plot(x,1.5 * cos(x),':');
```

这里使用了两条 plot 命令绘制出两条曲线,如图 2.9 所示。

2.2.6　图形窗口的分割

MATLAB 的绘图指令可以将绘图窗口分割成几个区域,然后在各个区域中分别绘图。

命令"subplot(m,n,p)"将当前绘图窗口分割成 m 行 n 列区域,并指定第 p 个编号区域为

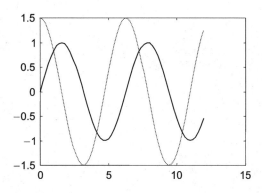

图 2.9　利用 hold 命令绘出的两条曲线

当前绘图区域。区域的编号原则是"先上后下，先左后右"。MATLAB 允许每个编号区域以不同的坐标系单独绘图。m、n、p 前面的逗号可以省略。

例如，键入如下命令：

```
x = 0:0.05:7;
y1 = sin(x);
y2 = 1.5 * cos(x);
y3 = sin(2 * x);
y4 = 5 * cos(2 * x);
subplot(221)
plot(x,y1);
title('sin(x)')
subplot(222)
plot(x,y2);
title('cos(x)')
subplot(223)
plot(x,y3);
title('sin(2x)')
subplot(224)
plot(x,y4);
title('cos(2x)')
```

结果如图 2.10 所示。

2.2.7　图形的填充

fill 命令用于填充二维封闭多边形。

命令"fill(x,y,'color')"在由数据 x 和 y 所构成的多边形内，用 color 所指定的颜色填充，如果该多边形不是封闭的，则可以用初始点和终点的连线封闭。

color 由表 2.1 确定。

例如，键入如下命令：

```
x = 0:0.05:7;
y = sin(x);
fill(x,y,'k');
```

结果如图 2.11 所示。可以看到，由于该图形不是封闭的，做 MATLAB 用初试点(0,0)和终点(7,sin(7))的连线将其封闭，并填充黑色。

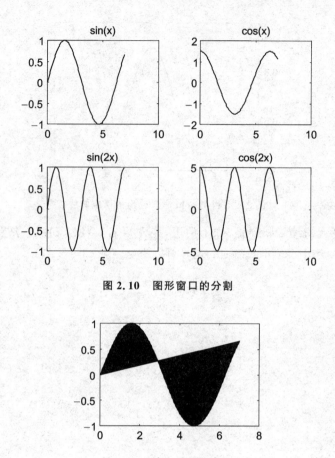

图 2.10　图形窗口的分割

图 2.11　填充黑色的图形

2.2.8　交互式绘图操作

交互式绘图能帮助用户直接从曲线上获取需要的数据结果,通过鼠标操作从图形上获取相关的图形信息。例如,函数 gtext 可配合鼠标操作来添加文本,通过移动鼠标来控制光标的定位,在合适的位置单击鼠标左键或者按下键盘任意键会在光标位置显示指定文本。ginput和 zoom 函数也可配合鼠标操作来实现其函数功能。

1. ginput 指令

ginput 指令能够通过鼠标操作直接读取二维平面图形上任意一点的坐标值,也可通过以下方式调用:

[x,y]＝ginput(n)——通过鼠标操作从二维图形上获取 n 个数据点的坐标,按下回车键结束选点。

[x,y]＝ginput——取点数目不受限制,结果保存在数组[x,y]中,按下回车键结束选点。

[x,y,button]＝ginput(…)——通过返回值 button 记录每个点的相关信息。

2. zoom 指令

zoom 指令用于缩放二维图形,单击鼠标左键可将图形放大,单击鼠标右键可将图形缩小。zoom 指令可以采用以下格式调用:

zoom——切换放大的状态。

zoom on——开启交互式放大功能。

zoom off——关闭交互式方法功能。

zoom out——恢复坐标轴设置。

zoom reset——设定当前坐标值为初始值。

zoom xon——对 x 轴放大。

zoom yon——对 y 轴方法。

2.3　特殊坐标二维图形

MATLAB 提供一些特殊坐标二维图形函数,如 semilogx、semilogy、loglog 以及 polar 函数。这些指令与 plot 指令类似,不同的是将数据绘制到不同的图形坐标上。

2.3.1　对数坐标图形

semilogx(x,y,参数)绘制半对数坐标图形,其 x 轴取以 10 为底的对数坐标,y 轴为线性坐标;

semilogy(x,y,参数)绘制半对数坐标图形,其 y 轴取以 10 为底的对数坐标,x 轴为线性坐标;

loglog(x,y,参数)绘制 x、y 轴都取以 10 为底的对数坐标图形。

例如,键入如下命令:

```
x = 0:0.05:20;
y = 10.^x;
subplot(211),semilogx(x,y)
title('semilogx Graph')
grid
subplot(212),semilogy(x,y)
title('semilogy Graph')
grid
```

得到结果如图 2.12 所示。

如果接着键入如下命令:

```
subplot(211),loglog(x,y)
grid
title('loglog Graph')
subplot(212),plot(x,y)
title('linear Graph')
grid
```

得到结果如图 2.13 所示。

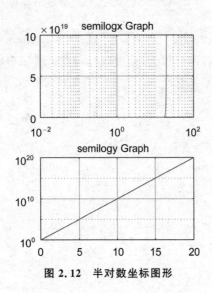
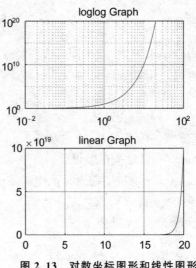

图 2.12　半对数坐标图形　　　　　　　　图 2.13　对数坐标图形和线性图形

2.3.2　极坐标图形

polar(theta,radius,参数)指令用来绘制相角为 theta、半径为 radius 的极坐标图形。例如,键入如下命令:

```
t = 0:0.01:2 * pi;
r = 2 * cos(2 * (t - pi/8));
polar(t,r)
```

结果如图 2.14 所示。

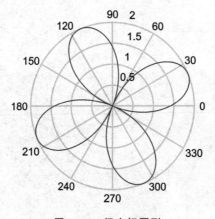

图 2.14　极坐标图形

2.4　特殊二维图形

2.4.1　函数图形

fplot('函数运算式',[xmin xmax])命令用来绘制给定函数在区间[xmin xmax]内的变化图形。

例如,对于函数 y＝sin(3x),要画出 x 在 0 到 4 之间变化的图形,只要执行如下命令:

```
fplot('sin(3 * x)',[0 4])
grid
```

即可得到如图 2.15 所示的结果。

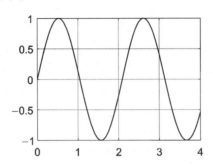

图 2.15 函数 y＝sin(3x)在[0,4]区间的图形

2.4.2 饼 图

饼图在统计中常用来表示各因素所占的百分比示例。

命令"pie(x)"或"pie(x,explode)"根据矩阵或向量 x 绘制饼图,以表示各数据占 sum(x) 的百分比。若 x 为向量,则该命令绘制 x 的每一元素占全部向量元素总和值的百分比的饼图; 若 x 为矩阵,则该命令绘制 x 的每一元素占全部矩阵元素总和值的百分比的饼图。参数 ex- plode 表示某元素对应的扇形图是否从整个饼图中分离出来,若非零则分离出来,并且它的维 数应与 x 相同。

例如,键入如下命令:

```
x = [15 35 10 15 25];
pie(x,[1 0 1 0 0])
```

运行结果如图 2.16 所示。

该图形分为 5 块,按照命令,第 1 块和第 3 块分离出来。

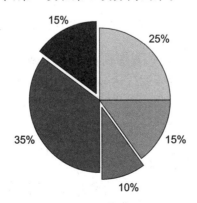

图 2.16 饼 图

2.4.3 条形图

条形图用来表示一些数据的对比情况。MATLAB 提供了两类条形图的命令,一类是垂直方向的条形图,另一类是水平方向的条形图。

1. 垂直方向的条形图

垂直方向的条形图命令"bar(x,width)"或"bar(x,'参数')"用来根据矩阵或向量 x 绘制条形图。若 x 为向量,则以其各元素的序号为各个数据点的横坐标,以向量 x 的各个元素为纵坐标,绘出一个垂直方向的条形图。若 x 为矩阵,同时参数字符串为 group 或默认,则以其各列序号为横坐标,每一列在其列序号坐标上分别以列的各元素为纵坐标,绘出一组垂直方向的条形图;若 x 为矩阵,同时参数字符串为 stack,则以其各列序号为横坐标,每一列在其列序号坐标上以列向量的累加值为纵坐标,绘出一个垂直方向的分组式条形图。width 给定条形的宽度,默认值为 0.8。若 width 大于 1,则条形图重叠。

例如,键入如下命令:

```
x = [10,20,30;15,35,10;5,20,25];
subplot(121),bar(x,'group')
subplot(122),bar(x,'stack')
```

结果如图 2.17 所示。

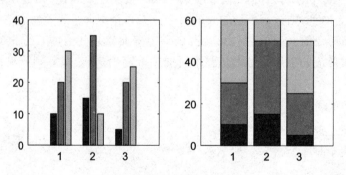

图 2.17　垂直方向条形图

2. 水平方向的条形图

水平方向的条形图命令形式与垂直方向的条形图命令相同。其调用格式为 barh(x,width)或 barh(x,'参数')。这类命令与上述 bar 命令的使用方法相同,只不过这类命令绘制的是水平方向的条形图。

2.4.4 梯形图

梯形图可以用来表示系统中的采样数据。

其调用格式为 stairs(x)或 stairs(x,y),其中 x、y 均为向量。stairs(x)命令用来绘制以 x 的向量序号为横坐标,以 x 向量的各个对应元素为纵坐标的梯形图。stairs(x,y)命令用来绘制以 x 向量的各个对应元素为横坐标,以 y 向量的各个对应元素为纵坐标的梯形图。

例如,键入如下命令:

```
x = 0:0.1:7;
y = sin(x);
stairs(x,y)
```

结果如图 2.18 所示。

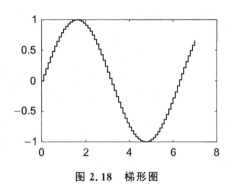

图 2.18　梯形图

2.4.5　概率分布图

研究随机系统时,常常要用到概率分布图。MATLAB 提供 hist 命令来绘制概率分布图。命令"hist(y,x)"用来绘制 y 在以 x 为中心的区间中分布的个数条形图。

例如,键入如下命令:

```
y = randn(1,1000);
x = -2:0.1:2;
hist(y,x)
```

结果如图 2.19 所示。

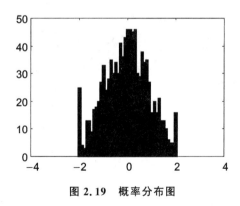

图 2.19　概率分布图

2.4.6　向量图

1. 原点向量图

命令"compass(x)"用来绘制相对原点的向量图,若 x 为复数,则"compass(x)"命令相当于"compass(real(x),imag(x))"。

命令"compass(x,y)"以复数坐标系的原点为起点,绘制出带箭头的一组复数向量,其中 x 向量表示复数的实部,y 向量表示复数的虚部。

例如,键入如下命令:

```
x=[-2+3*j   3+4*j1-5*j-2 2];
subplot(121),compass(x)
y=[1,-2,3,-4,5,6];
z=[-2 3 -6 -5 -5 0];
subplot(122),compass(y,z)
```

结果如图 2.20 所示。

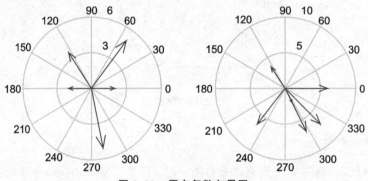

图 2.20   原点复数向量图

2. 水平线向量图

水平线向量图命令的调用格式为 feather(x)或 feather(x,y)。

feather 指令与 compass 指令的功能相似,两者的区别是起点不同。compass 指令起始于坐标原点,feather 指令起始于 x 向量各元素的序号。

例如,键入如下命令:

```
x=[-2+3*j   3+4*j1-5*j-2-3*j5-2*j];
subplot(121),feather(x)
grid
y=[1,-2,3,-4,5,6];
z=[-2 3 -6 -5 -5 1];
subplot(122),feather(y,z)
grid
```

结果如图 2.21 所示。

2.4.7   函数绘图

MATLAB 提供的 ezplot 函数可用于实现函数绘图,其调用格式如下:

➢ ezplot(f)用于绘制 $f=f(x)$ 的图形,其中 x 的默认取值范围为 $[-2\pi,2\pi]$。

➢ ezplot(f,[min,max]),其中 x 的取值范围为 $[min,max]$。

➢ ezplot(x,y)用于绘制 $x=x(t)$、$y=y(t)$ 的图形,其中 t 的取值范围为 $[0,2\pi]$。

➢ ezplot(x,y,[min,max])用于绘制 $x=x(t)$、$y=y(t)$ 的图形,其中 t 的取值范围为 $[tmin,tmax]$。

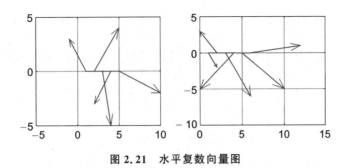

图 2.21　水平复数向量图

例如,用 ezplot 函数在同一图形窗口的不同子窗口下绘制两条曲线 $f_1 = \cos(2x)$, $x \in [0, 2\pi]$, $f_2 = x^2 - y^2 + 1$, $x \in [-2\pi, 2\pi]$, $y \in [-2\pi, 2\pi]$。

代码如下:

```
clear;
f1 = 'cos(2 * x)';
subplot(1,2,1);
ezplot(f1,[0,2 * pi])
title('f = cos(2 * x)');grid on
f2 = 'x.^2 - y.^2 + 1';
subplot(1,2,2);
ezplot(f2)
title('f2 = x^2 - y^2 + 1');grid on
```

结果如图 2.22 所示。

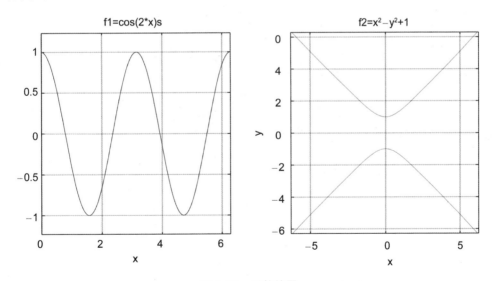

图 2.22　函数绘图

2.5　三维图形

MATLAB 提供了各种各样的绘制三维图形的函数,有些函数可在三维空间中画线,有些是画曲面或线格框架。

2.5.1　基本三维图形

plot3 命令将绘制二维图形的函数 plot 的特性扩展到三维空间。函数格式除了包括第三维的信息(比如 z 方向)之外,与二维函数 plot 相同。plot3 命令的一般调用格式是 plot3(x_1,y_1,z_1,S_1,x_2,y_2,z_2,S_2,$\cdots$),这里 x_n、y_n、z_n 是向量或矩阵,S_n 是可选的字符串,用来指定颜色、标记符号和/或线形。

总的来说,plot3 可用来画一个单变量的三维函数。以绘制三维螺旋线为例:

```
t = 0:pi/50:10 * pi;
plot3(sin(t),cos(t),t)
title('Helix'),xlabel('sint(t)'),ylabel('cos(t)'),zlabel('t')
text(0,0,0,' Origin')
grid
v = axis
v =
    -1    1    -1    1    0    40
```

输出螺旋线图见图 2.23。从图中可明显看出,二维图形的所有基本特性在三维中仍都存在。axis 命令扩展到三维只是返回 z 轴界限(0 和 40),在数轴向量中增加两个元素。函数 zlabel 用来指定 z 轴的数据名称,函数 grid 在图底绘制三维网格。函数 test(x,y,z,'string')在由三维坐标 x、y、z 所指定的位置放一个字符串。另外,子图和多图形窗口可以直接应用到三维图形中。

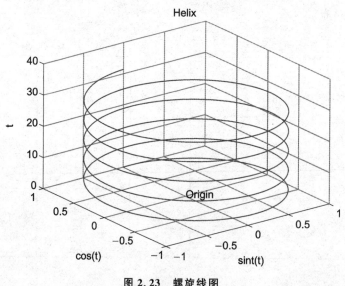

图 2.23　螺旋线图

下面举例说明多组数据在同一视图中加以显示:

```
x = linspace(0,10);
z1 = sin(x); z2 = sin(2 * x); z3 = sin(3 * x);
y1 = zeros(size(x)); y3 = zeros(size(x)); y2 = y3/2;
plot3(x,y1,z1,x,y2,z2,x,y3,z3);
grid,xlabel('x - axis '),ylabel('y - axis '),zlabel('z - axis ')
title('sin(x),sin(2x),sin(3x) ')
```

输出三组正弦曲线图见图 2.24。

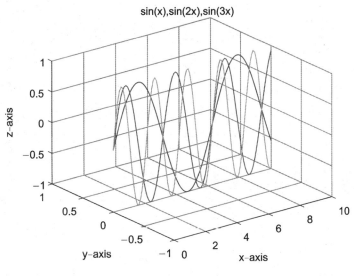

图 2.24　三组正弦曲线图

2.5.2　改变视角

三维图形显示的效果,还在于视角的改变。图 2.25 中是以 30°视角向下看 Z＝0 平面和以 37.5°视角向上看 X＝0 平面。这是对所有三维图形的默认视角。与 Z＝0 平面所成的方向角叫仰角,与 X＝0 平面的夹角叫方位角。这样,默认的三维视角方向仰角为 30°,方位角为－37.5°。

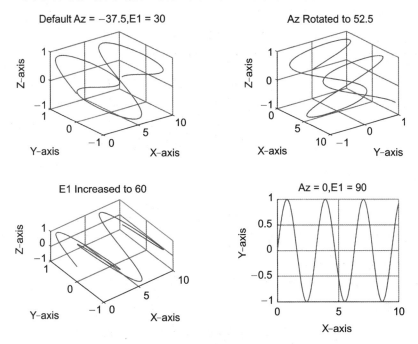

图 2.25　视角举例图

在 MATLAB 中,函数 view 改变所有类型的二维和三维图形的图形视角。view(az,el)将视角改变到所指定的方位角 az 和仰角 el。考虑下面脚本 M 文件形式的例子,具体代码如下:

```
x = linspace(0,10);
Z = sin(x);
Y = sin(2 * x);
subplot(2,2,1)
plot3(x,Y,Z)
grid,xlabel( 'X - axis '),ylabel( 'Y - axis '),zlabel( 'Z - axis ')
title( ' Default Az = - 37.5,E1 = 30 ')
view( - 37.5,30)                % 改变视角 1
subplot(2,2,2)
plot3(x,Y,Z)
grid,xlabel( 'X - axis '),ylabel( 'Y - axis '),zlabel( 'Z - axis ')
title( ' Az Rotated to 52.5')
view( - 37.5 + 90,30)          % 改变视角 2
subplot(2,2,3)
plot3(x,Y,Z)
grid,xlabel( 'X - axis '),ylabel( 'Y - axis '),zlabel( 'Z - axis ')
title( ' E1 Increased to 60 ')
view( - 37.5,60)               % 改变视角 3
subplot(2,2,4)
plot3(x,Y,Z)
grid,xlabel( 'X - axis '),ylabel( 'Y - axis ')
title( ' Az = 0,E1 = 90 ')
view(0,90)                     % 改变为二维视角
```

输出见图 2.25。

除了上面的形式,view 还提供了表 2.7 中所列的其他特性。

表 2.7   不同视角的设置

命 令	函数 view
view(az,el)	将视图设定为方位角 az 和仰角 el
view([x,y,z])	在笛卡儿坐标系中将视图设为沿向量[x,y,z]指向原点,例如 view([0 0 1])＝view(0,90)
view(2)	设置默认的二维视角,az＝0,el＝90
view(3)	设置默认的三维视角,az＝－37.5,el＝30
[az,el]＝view	返回当前的方位角 az 和仰角 el
view(T)	用一个 4×4 的转换矩阵 T 来设置视图角
T＝view	返回当前的 4×4 转换矩阵

2.5.3   特殊三维图形

1. 三维网格曲面

三维网格曲面是连接三维空间的一些四边形所构成的曲面。在介绍三维网格曲面命令之前,首先介绍产生三维网格数据点的函数 meshgrid。

命令"[X,Y]＝meshgrid(x,y)"将向量 x(1×m),y(1×n)转换为三维网格数据矩阵

$X(n \times m)$，$Y(n \times m)$。

例如，键入如下命令：

```
[X,Y] = meshgrid([1 2 3 4],[5 6 7])
```

执行后的结果为

```
X =
     1     2     3     4
     1     2     3     4
     1     2     3     4
Y =
     5     5     5     5
     6     6     6     6
     7     7     7     7
```

三维网格曲面命令格式为"mesh(x,y,z,c)""mesh(x,y,z)""mesh(z,c)""mesh(z)"。这四种命令格式都可以绘制三维网格曲线。当 $x(n \times m)$ 和 $y(n \times m)$ 为矩阵，且 x 矩阵的所有行向量相同，y 矩阵的所有列向量相同时，mesh 命令将自动执行"meshgrid(x,y)"，将 x 和 y 转换为三维网格数据矩阵。z 和 c 分别为$(m \times n)$维矩阵，c 表示网格曲面的颜色分布，若省略则网格曲面的颜色与 z 方向上的高度值成正比。若 x 和 y 均省略，则三维网格数据矩阵取值 $x = 1:n$，$y = 1:m$。

例如，键入如下命令：

```
x = -10:0.5:10;
y = -8:0.5:8;
[X,Y] = meshgrid(x,y);
Z = sin(sqrt(X.^2 + Y.^2))./sqrt(X.^2 + Y.^2);
mesh(X,Y,Z);
set(gca,'xtick',[-10:2:10]);
set(gca,'ytick',[-10:2:10]);
set(gca,'ztick',[-1:0.2:1]);
```

结果如图 2.26 所示。

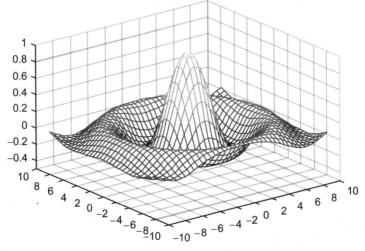

图 2.26　三维网格曲面

2. 带等高线的三维网格曲面

命令"meshc(x,y,z,c)""meshc(x,y,z)""meshc(z, c)""meshc(z)"可用来绘制带有等高线(XY 平面)的三维网格曲面。这些命令类似于 mesh 命令,不同之处是上述命令还在 XY 平面上绘制曲面 Z 轴方向的等高线。

在图 2.26 所示图形的基础上,继续键入如下命令:

```
meshc(X,Y,Z)
```

结果见图 2.27。

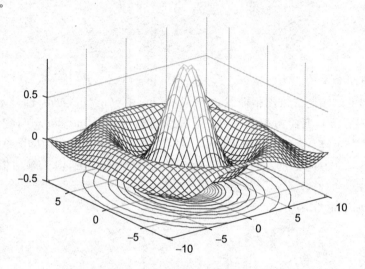

图 2.27　带等高线的三维网格曲面

3. 带底座的三维网格曲面

命令"meshz(x,y,z,c)""meshz(x,y,z)""meshz(z, c)""meshz(z)"可用来绘制带有底座的三维网格曲面。这些命令类似于 mesh 命令,不同之处是上述命令还在 XY 平面上绘制曲面的底座。

在图 2.27 所示图形的基础上,接着键入如下命令:

```
meshz(X,Y,Z)
```

结果如图 2.28 所示。

4. 透明显示的三维网格曲面

网格线条之间的区域可以透明或不透明。MATLAB 中的 hidden 命令控制网格图的这个特性。比如,用 MATLAB 中的 sphere 函数产生两个球面(如图 2.29 所示):

```
[X,Y,Z] = sphere(12);
subplot(1,2,1)
mesh(X,Y,Z),title('Opaque')
hidden on        % 隐藏输出
axis off
```

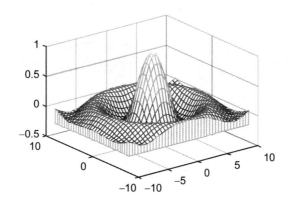

图 2.28 带有底座的三维网格曲面

```
subplot(1,2,2),title('Transparent')
mesh(X,Y,Z)
hidden off          % 透明输出
axis off
```

输出见图 2.29,左边的球是不透明的(线被隐蔽),而右边的球是透明的(线未被隐蔽)。

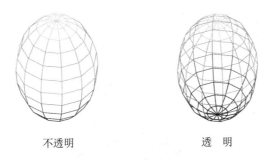

不透明   透 明

图 2.29 透明度比较图

5. 三维直方图

与二维图形类似,MATLAB 提供了两类绘制三维直方图的命令:

bar3(y,z,'参数')——绘制垂直的三维直方图;

bar3h(y,z,'参数')——绘制水平的三维直方图。

这些命令绘制以 x=1:n 为 x 坐标;以 y(1×m)向量的各个元素为 y 坐标(若 y 省略,则 y=1:m),且要求 y 是递增或递减的;以矩阵 z(n×m)为 z 坐标,绘出垂直的或水平的三维直方图。参数可以选择 grouped(分组式的)、detached(分离式的)或 stacked(累加式的),与二维绘图命令的参数选择相同。

例如,键入如下命令:

```
x = [10,20,30;15,35,10;5,20,25];
subplot(121),bar3(x,'grouped')      % 绘制垂直的三维直方图
subplot(122),bar3h(x)               % 绘制水平的三维直方图
```

结果如图 2.30 所示。

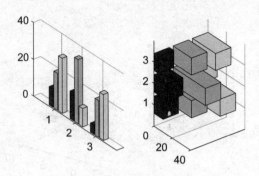

图 2.30　三维直方图

6. 三维曲面图

除了各线条之间的空档用颜色填充外,三维曲面图的绘制方法与三维网格图的绘制方法相似。曲面图一般使用 surf 函数来绘制。surf 函数和 mesh 函数的调用格式相同。例如:

```
[X,Y,Z] = peaks(30);          % 生成三维向量
surf(X,Y,Z)
grid,xlabel('x - axis'),ylabel('y - axis'),zlabel('z - axis')
title('SURF of PEAKS')
```

输出如图 2.31 所示。

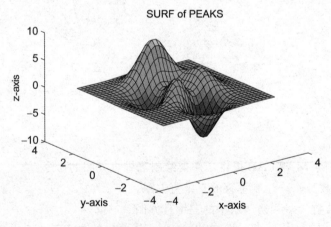

图 2.31　三维曲面图

曲面图的一些显示特性与网格图略有区别:曲面图的线条为黑色,线条之间的补片有颜色;而在网格图中,补片为黑色而线条有颜色。对于函数 mesh,颜色沿着 z 轴随补片而变化,线条颜色则保持不变。

在曲面图里,不必考虑像网格图一样隐蔽线条,但要考虑用不同的方法对表面加色彩。在前面的例子中,曲面图采用分割成块方法,每块如同染色玻璃窗口或一物体,黑线便是各单色染色玻璃块之间的连接。

除此之外,MATLAB 还提供了平滑加颜色、插值加颜色等功能,以实现函数 shading。例如:

```
[X,Y,Z] = peaks(30);
surf(X,Y,Z)
grid,xlabel('x - axis'),ylabel('y - axis'),zlabel('z - axis')
title('SURF of PEAKS')
shading flat        % 平滑加颜色
```

　　输出如图 2.32 所示。在这个例子中,每一补片仍保持单一颜色,但各块连接处的黑线已删除。

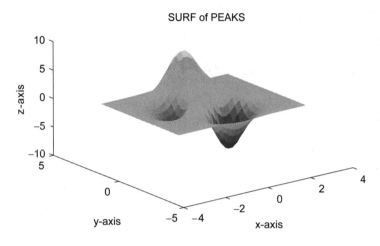

图 2.32　平滑加颜色的曲面图

　　下面采用插值加颜色函数,例如:

```
shading interp        % 插值加颜色
```

输出如图 2.33 所示。在这个例子中,同样去了线条,各补片的颜色根据赋予顶点的色值来确定,同时对其区间进行了插值计算并显示输出。很明显,相比于分块加颜色、平滑加颜色来说,

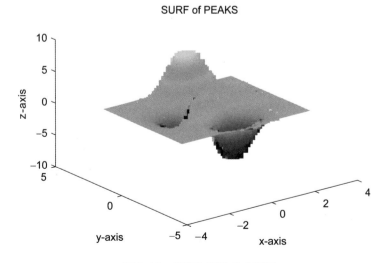

图 2.33　插值加颜色的曲面图

插值加颜色的计算量更大。色彩的选择对 surf 函数作图的视觉效果影响非常大,对网格图也是如此。

　　另外,由于曲面图不同于网格图,它无法透明显示,因此在一些情况下,可以通过移走一部分表面来实现透视(或透明)的功能。在 MATLAB 程序中,可以通过在所期望的位置开孔,将数据赋给特定的 NaN 加以实现。由于 NaN 无值,所有 MATLAB 绘图函数都忽略 NaN 的数据点,因此在该区域就变成一个孔。例如:

```
[X,Y,Z] = peaks(30);
x = X(1,:);
y = Y(:,1);
i = find(y>.8 & y<1.2);
j = find(x>-.6 & x<.5);
Z(i,j) = nan * Z(i,j);
surf(X,Y,Z)
grid,xlabel('x-axis'),ylabel('y-axis'),zlabel('z-axis')
title('SURF of PEAKS with a Hole')
grid on
```

输出见图 2.34。从图中可以看出,上述代码实现三维图形的透视显示功能,对局部图形的内部显示非常有借鉴意义。

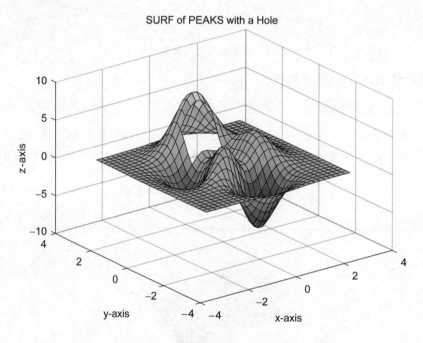

图 2.34　函数 PEAKS 的带洞孔曲面图

　　除了曲面函数 surf,MATLAB 还有两个同种函数:surfc 函数,可画出具有等高线的曲面图;surfl 函数,可画出一个有亮度的曲面图。例如:

```
[X,Y,Z] = peaks(30);
surfc(X,Y,Z)
grid,xlabel('x-axis'),ylabel('y-axis'),zlabel('z-axis')
```

```
title('SURFC of PEAKS')
grid
```

输出见图 2.35。从图中可以看出,surfc 函数实现了等高线的输出。

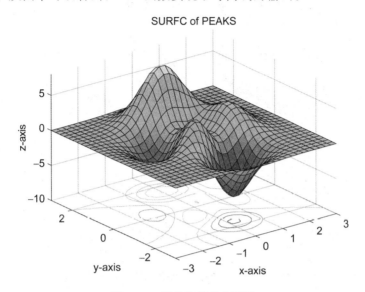

图 2.35　带等高线的曲面图

带亮度的曲面图代码如下:

```
[X,Y,Z] = peaks(30);
surfl (X,Y,Z)        % 带有亮度的曲面输出
shading interp       % 插值加颜色
colormap pink
grid,xlabel('X – axis'),ylabel('Y – axis'),zlabel('Z – axis')
title('SURFL OF PEAKS')
```

输出见图 2.36。

关于加到曲面的亮度,surfl 函数作了许多假设。有关设置亮度属性的详细信息请参阅 MATLAB 参考指南的函数 surfl 或使用在线帮助。

7. 等值线图

MATLAB 软件除了上述二维、三维绘图功能外,还提供了另一种三维图形函数,即三维等值线图,其实现函数为 contour3。例如:

```
[x,y,z] = peaks(30);
contour3(x,y,z,16)
xlabel( 'x – axis' ),ylabel( 'y – axis' ),zlabel( ' z – axis ' )
title( ' CONTOUR3 of PEAKS ' )
```

输出见图 2.37。从图中可以看到,图形中每一条线的颜色遵循 plot 函数一样的次序。图形颜色次序对比明显。在实际使用中,如果能使每一条线遵循网格图或曲面图里所用的加色方法,那么效果会好得多。另外,三维等值线也可由一种颜色给出,例如:

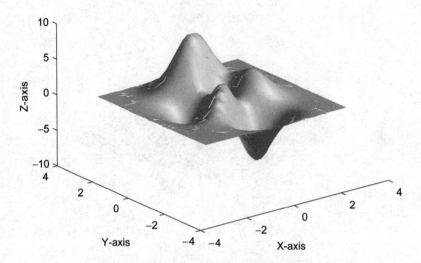

图 2.36　函数 PEAKS 的带光线照明曲面图

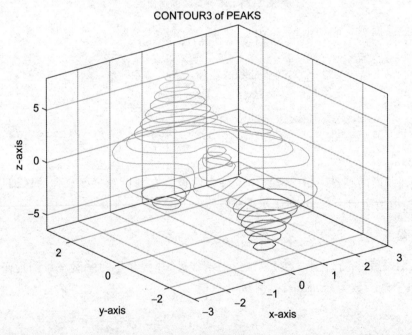

图 2.37　三维等值线图

```
[x,y,z] = peaks(30);
contour3(x,y,z,16, 'b' )
grid on
xlabel( 'x‐axis' ),ylabel( 'y‐axis' ),zlabel( 'z‐axis' )
title( ' CONTOUR3 of PEAKS ' )
```

输出见图 2.38。

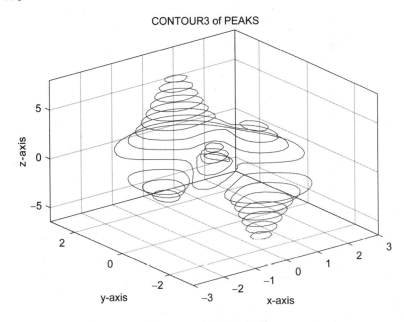

图 2.38 三维等值线图

关于颜色使用的详细信息可参阅 MATLAB 参考指南或使用在线帮助。

2.6 三维数据的二维图

某些情况下,我们希望得到三维数据的平面显示。在 MATLAB 软件中,可通过 view 函数来设置视角,隐藏其中一维加以实现。另外,MATLAB 还提供了 contour 和 pcolor 函数,分别将 contour3 和 surf 俯视到 x - y 平面。例如,函数 contour3 的二维图就等价于 contour。

```
[X,Y,Z] = peaks(30);
contour(X,Y,Z,16)          % 三维等值线输出
xlabel( 'X - axis '),ylabel( 'Y - axis')
title( 'CONTOUR of PEAKS ')
```

输出见图 2.39。

要注意,如何等效于 contour3 以及如何改变视点俯视到 x - y 平面的方法。例如 contour3,图中的等值线利用了 plot 命令的六种基本颜色。

surf 函数的二维等效函数是 pcolor,代表伪彩色。

```
[X,Y,Z] = peaks(30);
pcolor(X,Y,Z);
xlabel( 'X - axis '),ylabel( 'Y - axis')
title( ' PCOLOR of PEAKS ')
```

输出见图 2.40。

上述代码很好地实现了三维曲面图形向二维平面图的转换,读者可以借鉴。

由于图 2.40 是一个 surf 图,可以使用函数 shading。另外,有时在 pcolor 图上可增加一

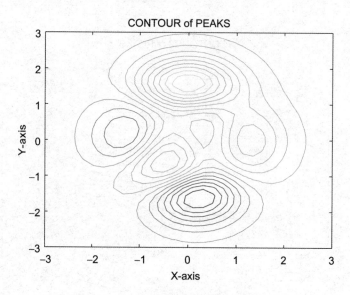

图 2.39　函数 PEAKS 的等值线图

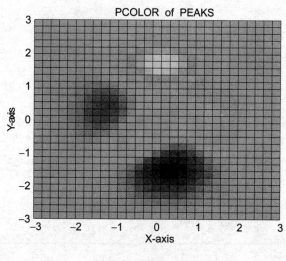

图 2.40　伪彩色图

个单色等值线图,例如:

```
[X,Y,Z] = peaks(30);
pcolor(X,Y,Z);
shading interp            % 插值加颜色
hold on
contour(X,Y,Z,19)         % 绘制等值线
xlabel('X-axis'),ylabel('Y-axis')
title('PCOLOR and CONTOUR of PEAKS')
hold off
```

输出见图 2.41。图中实现三维曲面的二维显示,同时增加了等值线的输出。

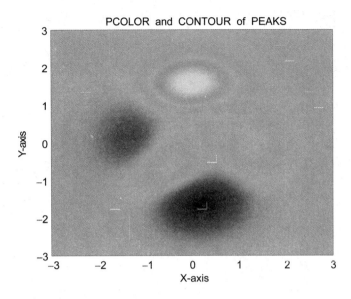

图 2.41 伪彩色图和等值线图

2.7 其他图形函数

除了上面讨论的三维函数,MATLAB 还提供了以下图形函数 waterfall、quiver、fill3、clabel。waterfall 函数与 mesh 函数一样,只是它的网格线是在 x 轴方向出现。例如:

```
[X,Y,Z] = peaks(30);
waterfall(X,Y,Z)
xlabel('X-axis'),ylabel('Y-axis'),zlabel('Z-axis')
```

输出见图 2.42。

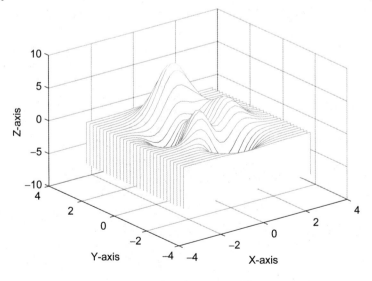

图 2.42 函数 waterfall 图

quiver 函数用来实现在等值线图上画方向箭头或速度箭头。例如：

```
[X,Y,Z] = peaks(16);
[DX,DY] = gradient(Z, .5, .5);
contour(X,Y,Z,10)
hold on
quiver(X,Y,DX,DY)
hold off
```

输出见图 2.43,图中在等值线上,添加了曲线梯度方向显示。

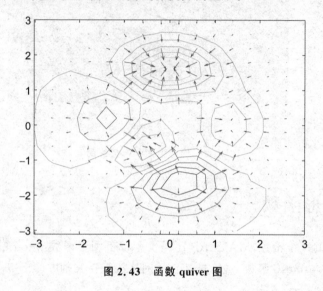

图 2.43 函数 quiver 图

fill3 函数等效于三维函数 fill,可在三维空间内画出填充过的多边形。函数 fill3(x,y,z,c)使用数组 x、y 和 z 作为多边形的顶点而 c 指定了填充的颜色。例如,用随机的顶点坐标值画出五个黄色三角形,代码如下：

```
fill3(rand(3,5),rand(3,5),rand(3,5),'b')
```

输出见图 2.44。

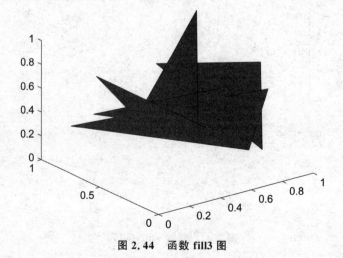

图 2.44 函数 fill3 图

clabel 函数用来给等值线图标上高度值。这时 clabel 函数需要 contour 函数等值线矩阵的输出。

```
[X,Y,Z] = peaks(30);
cs = contour(X,Y,Z,8);
clabel(cs)
xlabel('X-axis'),ylabel('Y-axis')
title('CONTOUR of PEAKS with LABELS')
```

输出见图 2.45。上述代码在等值线图中增加了高度值的输出。

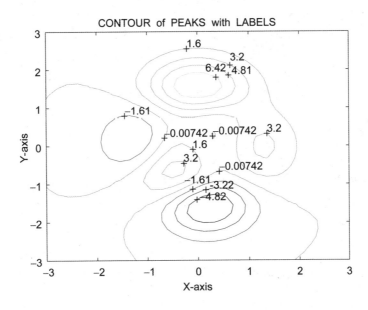

图 2.45　带标志等值线图

2.8　图形窗编辑功能

MATLAB 图形窗不仅为绘图函数的显示窗口,还可用于图形窗编辑。许多图形修饰和图形制作都可利用 MATLAB 图形窗口操作执行。

2.8.1　图形窗菜单

运行如下代码可得到如图 2.46 所示的图形窗口:

```
t = (2 * pi * (0:1000)/1000)';
y1 = sin(t);y2 = sin(t). * sin(10 * t);
plot(t,y2,'b-',t,[y1, -y1],'r:')
axis([0,pi, -1,1])
```

图形窗口的菜单栏为编辑图形的主要部分,其中大多数菜单按键和 Windows 标准按键相似,在此不再赘述。

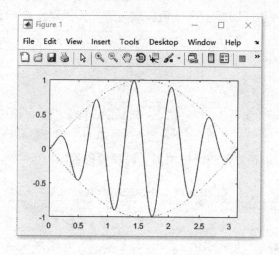

图 2.46　MATLAB 6. x 图形窗口

1. Edit 菜单选项

　　Edit 下拉式菜单中主要包括 Undo(撤销操作)、Cut(剪切)、Copy(拷贝)、Paste(粘贴)、Clear(清除)等常见命令,这里不再论述。下面着重介绍 Figure Properties 命令和 Axes Properties 命令,其相应的对话框分别如图 2.47 和图 2.48 所示。

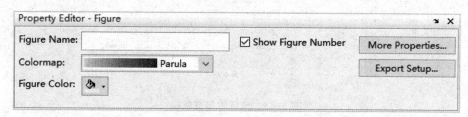

图 2.47　Figure Property 对话框

　　在图 2.47 所示的 Figure Properties 菜单编辑对话框中,主要包括对话框颜色的设置、菜单栏设置、窗口名称等。

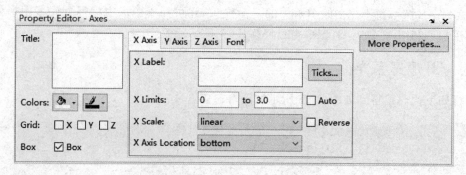

图 2.48　Axes Property 对话框

　　在图 2.48 所示的 Axes Properties 菜单编辑对话框中,主要包括三个坐标轴的基本设置、视角及字体等设置。坐标轴的设置包括标签、颜色、位置、网格、坐标轴范围及坐标点设置。

2. Insert 菜单选项

Insert 下拉式菜单如图 2.49 所示，主要用于向当前图形窗口添加各种标注图形，包括三个坐标轴的标签、主题、线段注释、颜色、直线、文本、轴线以及灯光等。

2.8.2　快捷工具栏

图形窗口的快捷工具栏如图 2.50 所示，有编辑绘图键、放大键、缩小键、平移键、三维旋转、插入颜色栏以及数据游标等。

图 2.49　Insert 菜单

2.8.3　二维图形的交互编辑示例

下面以实现图 2.45 向图 2.53 的转换为例，具体步骤如下：

① 选取图 2.45 中的三条曲线，右击，分别对三条曲线进行编辑，下面详细介绍中间波动曲线的编辑，其他两条曲线设置与此类似。

绘图类型 plot type 设置为 Line，即线形图；线条 Line 设置为实线，线宽设置为 6.0，线条颜色设置为粉红色。编辑后的线条属性设置对话框如图 2.51 所示。

图 2.50　Figure 工具栏

图 2.51　粉色线段编辑对话框

其他两条线段经过类似设置后，最终得到图 2.52 所示的效果。

② 单击 Insert 下拉式菜单，分别加入 X Label、Y Label、Title 标签，得到如图 2.53 所示的最终绘图效果。

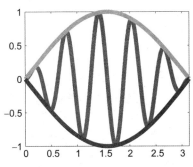

图 2.52　三条曲线改变后的效果图

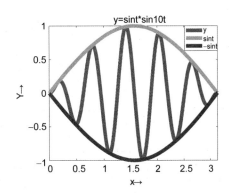

图 2.53　改变后的曲线图 2

2.9 图形用户界面设计

要想掌握 MATLAB 图形用户界面技术,首先需了解图形对象的概念。图形对象指图形系统中的基本图元。

MATLAB 定义了 10 种图形对象:根对象(Root)、图形窗口对象(Figure)、轴对象(Axes)、线对象(Line)、块区域对象(Patch)、面对象(Surface)、图像对象(Image)、文字对象(Text)、菜单对象(Menu)以及控件对象(Control)。表 2.8 给出了创建这些图形对象的命令。MATALB 创建这些图形对象时,会给每个图形对象一个句柄(handle),用来标识该图形对象。

表 2.8 创建图形对象命令

命 令	功 能	使用方法
Figure	创建图形窗口对象	handle＝figure ('属性名',属性值设置,…)
Dialog	创建对话框窗口对象	handle＝dialog ('属性名',属性值设置,…)
Uimenu	创建菜单对象	handle＝uimenu ('属性名',属性值设置,…)
Uicontrol	创建控件对象	handle＝uicontrol ('属性名',属性值设置,…)
axes	创建轴对象	handle＝axes('position',[left, bottom, width, height]),创建(left,bottom)位置,(width, height)尺寸的轴
line	创建线对象	handle＝line(x,y,z),绘制向量 x、y、z 确定的直线
Patch	创建块区域对象	handle＝patch(x,y,z,c),创建由向量 x,y,z 定义的区域,并用 c 确定的颜色填充
Image	创建图像对象	handle＝image(x),绘制以 x 图像矩阵确定的图像
Surface	创建曲面对象	handle＝surface(x,y,z,c),绘制三维曲面
text	创建文字注释对象	handle＝(x,y,'字符串'),创建(x,y)位置的字符串

2.9.1 图形窗口的生成

1. 创建图形窗口

figure 命令可以创建或打开一个图形窗口,其调用格式如下:

handle＝figure ('属性名',属性值设置,…)

根据设置的属性值创建一个新的图形窗口,并返回窗口句柄 handle。

例如:Hf＝figure('name','New figure'),该命令创建了一个名称为 New figure,其他属性为默认值的图形窗口。对于其各种属性,可以利用 get(handle,'属性名',…)命令获得,并利用 set(handle,'属性名',属性值设置,…)命令进行修改。如果继续执行 set(Hf)命令,则可以得到图形窗口的各种具体属性内容如下:

```
BackingStore: [ {on} | off ]              % 窗口切换时,是否重新绘制图形
    CloseRequestFcn                       % 关闭窗口时处理的函数
Color                                     % 图形窗口的背景颜色
```

```
Colormap                                          % 颜色影射表
CurrentAxes                                       % 当前坐标轴句柄
CurrentObject                                     % 当前对象句柄
CurrentPoint                                      % 鼠标动作时的坐标位置
IntegerHandle: [ {on} | off ]                     % 是否使用整数句柄
InvertHardcopy: [ {on} | off ]                    % 图形拷贝时,是否进行颜色反转
KeyPressFcn                                       % 按键后的响应函数
MenuBar: [ none | {figure} ]                      % 是否设置菜单栏
MinColormap                                       % 最少绘图色彩种类
Name                                              % 图形窗口名称
NextPlot: [ {add} | replace | replacechildren ]   % 下一个绘图命令执行方式
NumberTitle: [ {on} | off ]                       % 图形编号显示
PaperUnits: [ {inches} | centimeters | normalized | points ]    % 图形输出打印纸尺寸计量单位
PaperOrientation: [ {portrait} | landscape ]      % 图形输出在打印纸上的方向
PaperPosition                                     % 图形输出在打印纸上的位置,[左,下,宽,高]
PaperPositionMode: [ auto | {manual} ]            % 图形输出在打印纸上的定位方式
PaperType: [ {usletter} | uslegal | a3 | a4letter | a5 | b4 | tabloid ]
                                                  % 打印纸的种类
Pointer: [ crosshair | fullcrosshair | {arrow} | ibeam | watch | topl | topr | botl | botr | left |
top | right | bottom | circle | cross | fleur | custom ]    % 鼠标形式
Position                                          % 图形窗口在屏幕中的位置
Renderer: [ {painters} | zbuffer ]                % 图形描述方法
RendererMode: [ {auto} | manual ]                 % 图形描述方式
Resize: [ {on} | off ]                            % 是否能用鼠标改变窗口大小
ResizeFcn                                         % 窗口大小改变后的响应函数
ShareColors: [ {on} | off ]                       % 图形储存时颜色共享方式
Units: [ inches | centimeters | normalized | points | {pixels} ]    % 图形对象计量单位
WindowButtonDownFcn                               % 在图形窗口中按下鼠标后的响应函数
WindowButtonMotionFcn                             % 在图形窗口中移动鼠标后的响应函数
WindowButtonUpFcn                                 % 在图形窗口中释放鼠标后的响应函数
WindowStyle: [ {normal} | modal ]                 % 图形窗口类型
ButtonDownFcn                                     % 在图形窗口中按下按钮后的响应函数
Children                                          % 描述该图形对象子图形对象句柄
Clipping: [ {on} | off ]                          % 与其他对象区域冲突时的裁剪处理
CreateFcn                                         % 创建该图形对象的响应函数
DeleteFcn                                         % 删除该图形对象的响应函数
BusyAction: [ {queue} | cancel ]                  % 系统忙时的处理方法
HandleVisibility: [ {on} | callback | off ]       % 定义句柄的可见性
Interruptible: [ {on} | off ]                     % 响应函数处理过程中是否可中断
Parent                                            % 描述该图形对象子图形对象句柄
Selected: [ on | off ]                            % 图形对象是否被选择
SelectionHighlight: [ {on} | off ]                % 选择对象是否高亮度显示
Tag                                               % 标记书签名称
Visible: [ {on} | off ]                           % 图形对象是否可见
```

上述代码中{ }内容为默认值。下面介绍部分常用的属性:

➢ Color 属性:设置图形窗口的背景颜色,例如执行 set(Hf,'color','b')命令,该窗口的背景颜色变成蓝色。

➢ MenuBar 属性:图形窗口是否设置标准 MATLAB 菜单栏,它的取值有 none(不设置)和 figure(设置)两项,图 2.54 所示为带有标准 MATLAB 菜单栏的图形窗口。

➢ Name 属性:图形窗口名称。

➢ Position 属性:确定图形窗口的位置,例如执行 set(Hf,'position',[10,20,300,200])

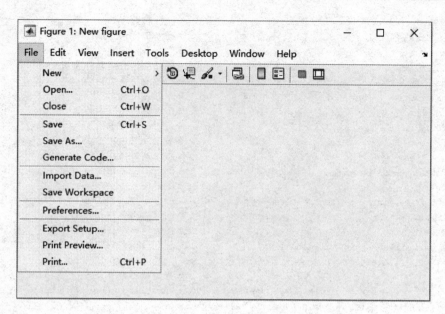

图 2.54　有标准 MATLAB 菜单栏的图形窗口

　　命令,图形窗口变为左下角位于(10,20),宽为 300,高为 200 的窗口。

➤ Visible 属性:设置图形窗口的可见性,它的取值有 on(可见)和 off(不可见)。

2. 图形窗口的关闭

　　关闭图形窗口的命令是 close(handle),其功能是关闭 handle 所指定的图形窗口。

2.9.2　菜单的实现

　　菜单是图形界面的重要组成部分。下面介绍 MATLAB 生成菜单的 2 种方法。

1. 简单的菜单生成

　　(1) menu 命令
menu 命令的调用模式如下:
　　　choice ＝ menu(标题字符串, 菜单项目 1, 菜单项目 2,…)
其功能是生成选择菜单。
　　例如,执行 k＝menu('Choose a order', 'open', 'save', 'exit')命令,得到如图 2.55 所示的菜单。
　　按下 save 按钮,k＝2。
　　(2) choices 命令
choices 命令的调用格式如下:
　　　choices('名称', 标题字符串,按钮标记,回调函数)
其功能是生成选择菜单,并指明回调函数。
　　例如:

```
header = 'Easy Example';
labels = str2mat('Choice 1','Choice 2','Choice 3');
callbacks = str2mat('image(magic(1))', 'image(magic(2))', 'image(magic(3))');
choices('EXAMPLE', header, labels, callbacks);
```

执行结果如图 2.56 所示,按下图中第一、二、三个按钮,分别执行 image(magic(1))、image(magic(2))、image(magic(3))回调函数。

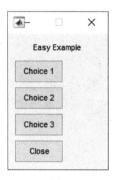

图 2.55　menu 菜单生成　　　　　**图 2.56　choice 菜单生成**

2. 下拉菜单的实现

MainMenu=uimenu(窗口句柄,'属性名',属性值设置,…)——以设置的属性值生成图形窗口主菜单。

Itemhandle=uimenu(MainMenu,'属性名',属性值设置,…)——以设置的属性值生成主菜单某项目的下拉菜单项目。

Submenu=uimenu(Itemhandle,'属性名',属性值设置,…)——以设置的属性值创建子菜单。

例如,执行 Mymenu=uimenu(Hf,'label','&Order')命令,则在图形窗口的标准 MAT-LAB 菜单后生成 Order 菜单,该菜单的属性为默认值。对于其各种属性,可以利用 get(Mymenu,'属性名',…)命令获得,并利用 set(Mymenu,'属性名',属性值设置,…)命令进行修改。例如,继续执行 set(Mymenu)命令,可以得到菜单的各种具体属性内容如下:

```
Accelerator                               % 加速键
Callback                                  % 响应函数
Checked: [ on | {off} ]                   % 是否在菜单名称前加标记
Enable: [ {on} | off ]                    % 指定菜单项是否有效
ForegroundColor                           % 菜单项前景颜色的设置
Label                                     % 菜单项名称的设置
Position                                  % 菜单项顺序的设置
Separator: [ on | {off} ]                 % 菜单项是否加分隔符
ButtonDownFcn                             % 按下按钮的响应函数
Children                                  % 描述该菜单项子菜单项句柄
Clipping: [ {on} | off ]                  % 与其他对象区域冲突时的裁剪处理
CreateFcn                                 % 创建该菜单项的响应函数
DeleteFcn                                 % 删除该菜单项的响应函数
BusyAction: [ {queue} | cancel ]          % 系统忙时的处理方法
HandleVisibility: [ {on} | callback | off ] % 定义句柄的可见性
```

```
Interruptible：[ {on} | off ]              % 响应函数处理过程中是否可中断
Parent                                      % 描述该菜单项子菜单项句柄
Selected：[ on | off ]                     % 菜单项是否被选择
SelectionHighlight：[ {on} | off ]         % 选择菜单项是否高亮度显示
Tag                                         % 标记书签名称
Visible：[ {on} | off ]                    % 菜单项是否可见
```

以上代码中{}内容为默认值。下面介绍部分常用的属性：

➤ Callback 属性：回调函数的设置，其属性值是字符串，该字符串可以代表一条或多条 MATLAB 命令，也可以表示 M 文件，也可以表示选中该菜单后的响应函数。

➤ Enable 属性：设置指定菜单项是否有效，它的取值有 on(有效)和 off(无效)。

➤ Label 属性：设置菜单项目名称。

➤ Position 属性：设置菜单的位置。

➤ Separator 属性：设置菜单项目是否加分割符，它的取值有 on(加)和 off(不加)。

➤ Visible 属性：设置菜单的可见性，它的取值有 on(可见)和 off(不可见)。

例如：

```
screen = get(0,'ScreenSize');
WinW = screen(3);WinH = screen(4);
gmain = figure('Color',[0,1,1],'Position',[0 * WinW,0.45 * WinH,…0.55 * WinW,0.45 * WinH],'Name',
'mainframe','NumberTitle',… 'off','MenuBar', 'none');
mfile = uimenu(gmain,'label','&File');
    uimenu(mfile,'label','&New','call','disp("New file")');
    uimenu(mfile,'label','&Open','call','disp("Open file")');
    msav = uimenu(mfile,'label','&Save','Enable','on');
        uimenu(msav,'label','&ASCll','call','key = 3;k0 = 1;');
    uimenu(mfile,'label','&Save As','call','key = 4;');
    uimenu(mfile,'label','&Exit','call','close(gmain)', …'Separator','on');
    meditbmp = uimenu(gmain,'label','&Edit');
        uimenu(meditbmp,'label','&bmp COPY','call','print − dbitmap');
        uimenu(meditbmp,'label','&meta COPY','call','print − dmeta');
```

执行结果如图 2.57 所示。

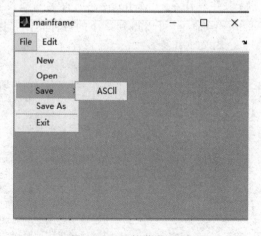

图 2.57　下拉菜单示例

2.9.3 对话框的实现

对话框是一种弹出显示的单独窗口,它显示信息字符串,并提供一个(或多个)按钮或输入窗口供用户输入。下面介绍几种常用的对话框实现方法。

1. 普通对话框

普通对话框命令的调用格式如下:

    handlebox=dialog ('属性名',属性值设置,…)

其功能是按指定的属性值,创建一个对话框窗口,并返回对话框句柄 handlebox。对话框窗口也具有窗口的各种属性,并且它使用了如下的属性值:

'BackingStore'——打开或关闭屏幕像素缓冲区;

'ButtonDownFcn' ——当在空闲点单击鼠标左键时,执行的回调程序;

'Colormap'——对话框窗口的色图;

'Color'——背景颜色设置;

'HandleVisibility' ——指定对话框窗口句柄是否可见;

'IntegerHandle' ——指定使用整数或非整数图形句柄;

'InvertHardcopy'——改变图形元素的颜色;

'MenuBar' ——转换菜单条的"开"与"关";

'NumberTitle'—— 设置标题栏是否显示名称;

'PaperPositionMode' ——设置页面图形位置;

'Resize'——设置对话框窗口是否可以通过鼠标操作改变大小;

'Visible' —— 确定对话框窗口是否可见;

'WindowStyle'——设置对话框窗口为标准窗口或典型窗口。

2. 特殊对话框

(1) 输入对话框

输入对话框命令的调用格式如下:

    Answer = inputdlg(字符串 1)
    Answer = inputdlg(字符串 1,字符串 2)
    Answer = inputdlg(字符串 1,字符串 2,行数值)
    Answer = inputdlg(字符串 1,字符串 2,行数值,字符串 3)

其功能是产生输入对话框,并把用户输入的字符串传给 Answer。字符串 1 表示各个输入窗口的提示信息,字符串 2 表示该对话框的名称,行数值表示各个输入窗口的输入行数,字符串 3 表示各个输入窗口的输入默认值。

例如:

```
prompt = {'Enter the matrix size:','Enter the colormap name:'};
def = {'20','hsv'};
title = 'Input for Peaks function';
lineNo = 1;
answer = inputdlg(prompt,title,lineNo,def);
```

执行结果如图 2.58 所示。

(2) 消息对话框

消息对话框命令的调用格式如下:

> MsgBox (字符串 1)
>
> MsgBox (字符串 1,字符串 2)
>
> MsgBox (字符串 1,字符串 2,字符串 3)
>
> MsgBox (字符串 1,字符串 2,字符串 3,字符串 4)

其功能是创建一个消息对话框。字符串 1 表示对话框中要显示的信息;字符串 2 表示对话框的名称;字符串 3 确定对

图 2.58　输入对话框

话框中的图标,其取值有 'none'(默认值)、'error'、'help'、'warn' 或 'custom';字符串 4 确定对话框的产生模式,其取值有 'modal'、'non－modal'(默认值)、'replace'。例如,执行 msgbox('creates a message box', 'warn box', 'warn', 'modal')命令,结果如图 2.59 所示;执行 msgbox('creates a message box', 'help box', 'help', 'modal')命令,结果如图 2.60 所示。

图 2.59　**warn** 消息对话框

图 2.60　**help** 消息对话框

(3) 标准文件名处理对话框

MATLAB 也提供 Windows 环境下的标准文件名处理对话框。标准 MATLAB 菜单栏上的 Open、Save、Save as 菜单命令均调用了该对话框:

```
[filename, pathname] = uigetfile('filefilter', 'dialogTitle', x, y)
[filename, pathname] = uiputfile('filefilter', 'dialogTitle')
```

以上两个命令都可以生成标准的文件名处理对话框,uigetfile 生成打开文件对话框,uiputfile 生成保存文件对话框。其中,filefilter 指要处理的文件类型;dialogTitle 确定对话框的标题;参数 X、Y 给出了对话框在屏幕上的位置,但有些系统没有此功能。单击对话框的"取消"按钮,则将 0 返回给变量 filename 和 pathname;否则,将指定的文件名和路径名分别返回给变量 filename 和 pathname。

例如,执行[newmatfile, newpath] = uigetfile('*.mat', 'Save As')命令,结果如图 2.61 所示。

又如,执行[newmatfile, newpath] = uiputfile('*.mat', 'Save As')命令,结果如图 2.62 所示。

2.9.4　控件设计技术

MATLAB 提供 uicontrol 命令可实现控件设计。图形窗口或对话框窗口上的各种控件均可以由该命令实现。uicontrol 命令的调用格式如下:

图 2.61　打开文件对话框

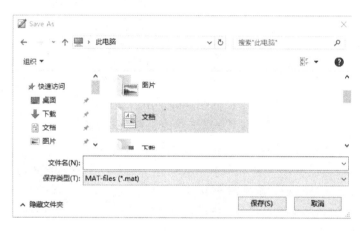

图 2.62　保存文件对话框

Chandle＝uicontrol(窗口句柄,'属性名',属性值设置,…)
其功能是以设置的属性值在窗口句柄所指的窗口中实现一个控件。

执行 Hc＝uicontrol(Hf,'style','pushbutton','string','Dir'),则在 Hf 窗口上,生成 Dir 命令按钮,对于该按钮各种属性,还可以利用 get(Hc,'属性名',…)命令获得,利用 set(Hc,'属性名',属性值设置,…)命令进行修改。例如,继续执行 set(Hc)命令,可以得到该控件的各种具体属性内容如下:

```
BackgroundColor                                        % 控件背景颜色设置
Callback                                               % 控件被选中时的响应函数
Enable：[ {on} | off | inactive ]                      % 控件是否有效
FontAngle：[ {normal} | italic | oblique ]             % 控件字符倾斜性设置
FontName                                               % 控件说明字符串字形设置
FontSize                                               % 控件说明字符串大小设置
FontUnits：[ inches | centimeters | normalized | {points} | pixels ]
                                                       % 控件说明字符串大小计量单位设置
FontWeight：[ light | {normal} | demi | bold ]         % 控件说明字符串字宽设置
ForegroundColor                                        % 控件前景颜色设置
HorizontalAlignment：[ left | {center} | right ]       % 控件说明字符串水平对齐方式设置
```

```
Max                                              % 控件"Value"的最大取值的设置
Min                                              % 控件"Value"的最小取值的设置
Position                                         % 控件的位置和大小的设置
String                                           % 控件说明字符串
Style：［ {pushbutton} | radiobutton | checkbox | edit | text | slider | frame | listbox | popupmenu ］
                                                 % 控件类型
SliderStep                                       % 滑块控件的变化步长设置
Units：［ inches | centimeters | normalized | points | {pixels} ］
                                                 % 控件的位置和大小的计量单位设置
Value                                            % 控件的当前取值
ButtonDownFcn                                    % 在按下按钮后的响应函数
Children                                         % 描述该控件子控件对象句柄
Clipping：［ {on} | off ］                         % 与其他对象区域冲突时的裁剪处理
CreateFcn                                        % 创建该控件的响应函数
DeleteFcn                                        % 删除该控件的响应函数
BusyAction：［ {queue} | cancel ］                 % 系统忙时的处理方法
HandleVisibility：［ {on} | callback | off ］       % 定义句柄的可见性
Interruptible：［ {on} | off ］                     % 响应函数处理过程中是否可中断
Parent                                           % 描述该控件子控件对象句柄
Selected：［ on | off ］                            % 控件是否被选择
SelectionHighlight：［ {on} | off ］                % 选择控件是否高亮度显示
Tag                                              % 标记书签名称
Visible：［ {on} | off ］                           % 控件是否可见
```

以上代码中{}内容为默认值。下面介绍部分常用的属性：

➢ Callback 属性：回调函数的设置，其属性值是字符串，该字符串可以代表一条或多条 MATLAB 命令，也可以表示 M 文件，也可以表示选中该控件后的响应函数。

➢ Enable 属性：设置本控件是否有效。它的取值有 on(有效)、off(无效)和 inactive(有效，但不能响应 Callback 确定的函数)。

➢ Label 属性：设置菜单项目名称。

➢ Position 属性：设置控件的位置。

➢ String 属性：设置控件的显示字符。

➢ Style 属性：设置控件的类型。MATLAB 提供 9 种控件，它的取值有 checkbox(复选框)、edit(编辑框)、frame(框架)、listbox(列表框)、popomenu(下拉式菜单)、pushbutton(命令按钮)、radiobutton(单选按钮)、slider(滑块)、text(静态文字)。

➢ Visible 属性：设置该控件的可见性，它的取值有 on(可见)和 off(不可见)。

例如：

```
MyWin = figure('Position',[100,100,400,300],'Name','My windows')
MyAxes = axes('Box','on','Units','points','Position',...
    [100,20,190,200])
ColorStr = ['r','b','k'];
LineStr = ['-',':']
Colornum = 1
x = 0:0.01:2 * pi;
Fun = plot(x,sin(x),union(ColorStr(Colornum),LineStr(1)));
CBox = uicontrol(MyWin,'style','listbox',...
    'Position',[20,240,80,30],...
    'String','red|blue|black','CallBack',...
```

```
    ['Colornum = get(CBox,"value");'...
    'set(Fun,"color",ColorStr(Colornum))'])
pushbutton1 = uicontrol(MyWin,'style','pushbutton',...
    'Position',[20,80,80,30],'String',' 实线 ','CallBack',...
    ['Fun = plot(x,sin(x),union(ColorStr(Colornum),LineStr(1)))'])
pushbutton2 = uicontrol(MyWin,'style','pushbutton',...
    'Position',[20,160,80,30],'String',' 虚线 ','CallBack',...
    ['Fun = plot(x,sin(x),union(ColorStr(Colornum),LineStr(2)))'])
```

执行该程序,结果如图 2.63 所示。

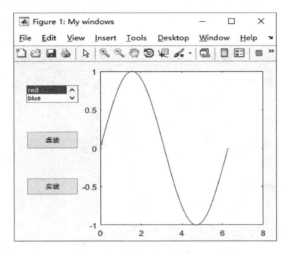

图 2.63　控件设计

2.10　图形用户界面(GUI)的应用

从 2.9 节中可以看到,创建完整的图形界面是一种比较繁重的工作,要对每一个图形对象的关键属性进行确定。MATLAB 提供了一种可视化设计工具 Guide,可以直接利用 Guide 进行菜单设计、控件的编排与设定、回调函数的编辑等,GUI 的设计很简单,直接用鼠标或键盘增减图形对象,并可将几个图形对象加到一个图形上,增强了可视性。

MATLAB 中 GUI 的设计有以下两种方式:

(1) 通过 GUI 开发环境 GUIDE 来创建 GUI

该方法只需要通过鼠标操作将所需要的对象拖到目的位置,就可完成 GUI 的布局设计,在 M 文件保管方面允许设计者在修改设计时快速找到对应的内容。

(2) 程序编辑创建 GUI

通过 unicontrol、uimenu 等函数编写 M 文件来开发 GUI;该方法程序代码可移植性和通用性强,不会生成额外的.fig 文件。

可采用以下两种方式进入 GUI 设计向导(GUIDE):

① 输入"guide"命令至 MATLAB 主工作窗口;

② 在主工作窗口 File 菜单中,选择 New→GUI 命令。

GUIDE 界面如图 2.64 所示。由图可以看出,GUIDE 界面有两种功能,一是建立新的

GUI 文件,二是打开已有的 GUI 文件。

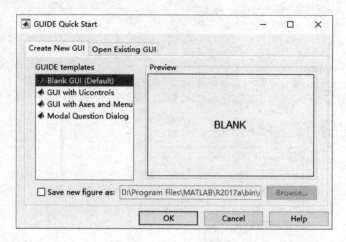

图 2.64   GUIDE 界面

在创建新的 GUIDE 文件时有如下四种图形用户界面可供选择:

① Blank GUI:空白 GUI;

② GUI with Unicontrols:控制 GUI;

③ GUI with Axes and menu:图像与菜单 GUI;

④ Modal Questions Dialog:对话框 GUI。

以上四种 GUI 中的后三种是在空白 GUI 的基础上预置功能供用户选用的。在图 2.64 所示的 GUIDE 界面左侧 GUIDE templates 栏中选择 Blank GUI(Default)进入如图 2.65 所示编辑界面。

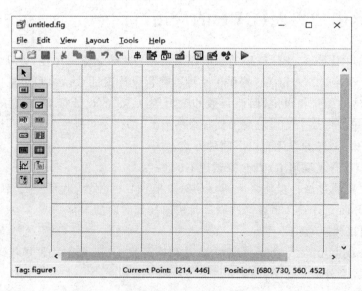

图 2.65   GUI 编辑界面

GUIDE 编辑窗口中提供了多种可选择的控件,用于用户界面的创建。用户可通过不同的控件组合来生成界面设计,如图 2.66 所示。

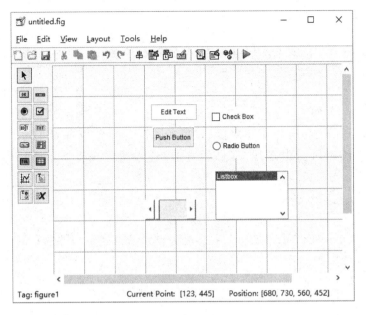

图 2.66　界面设计

用户界面控件分布在 GUI 界面编辑器左侧,各控件名称如图 2.67 所示。

下面简要介绍几种控件的功能和特点:

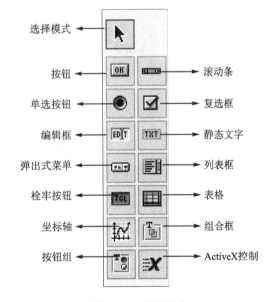

图 2.67　界面控件

- ➢ 按钮:通过单击实现某种行为,并调用对应的回调子函数。
- ➢ 滚动条:通过移动改变数值输入。
- ➢ 单选按钮:执行方式与按钮类似,但可以有多个复选框有效。
- ➢ 文本框:用于控制用户编辑或修改字符串文本。
- ➢ 文本信息:可用于控件的标签。
- ➢ 弹出菜单:用于打开并显示由 String 属性定义的选项列表。
- ➢ 列表框:功能与弹出式菜单相似,不同之处在于该控件可选择其中的一项或多项。
- ➢ 开关按钮:单击可以产生一个二进制状态的行为(on 或 off),并调用相应的回调函数。
- ➢ 坐标轴:可以设置关于外观和行为的参数,使得 GUI 可以显示图片。
- ➢ 组合框:用于将相关联的控件组合。
- ➢ 按钮框:功能与组合框类似,但可以响应关于单选按钮及开关。

2.10.1　控件管理工具

在 GUI 设计过程中需要一系列属性、样式等的设置,这时需要用到相应的管理设计工具。下面对几种设计工具进行介绍。

1. 属性编辑器

属性编辑器(Property Inspector)可以设置所选图形对象或者 GUI 空间各属性值,如名称、颜色等。可在编辑区右击选择"属性检查器"进入属性编辑器。属性编辑器如图 2.68 所示。

2. 控件布置编辑器

控件布置编辑器(Alignment Objects)功能为设置编辑区中控件的布局,包括水平或垂直布局、对齐方式及间距等,如图 2.69 所示。

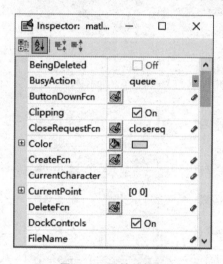

图 2.68　属性编辑器

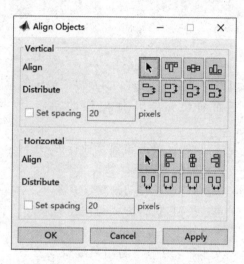

图 2.69　控件布局编辑器

3. 网络标尺编辑器

网络标尺编辑器(Grid and Rulers)功能为设置编辑器是都显示标尺、向导线和网格线等。通过在 GUI 编辑界面菜单栏中选择 Tool→Grid and Rulers 命令进入网格标尺编辑器,如图 2.70 所示。

4. 菜单编辑器

菜单编辑器(Menu Editor)可设置所选菜单项的属性,包括 Label、Tag 等。菜单编辑器如图 2.71 所示。

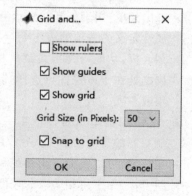

图 2.70　网络标尺编辑器

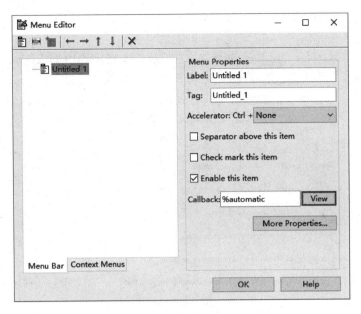

图 2.71　菜单编辑器

5. 工具栏编辑器

工具栏编辑器(Toolbar Editor)可用来定制工具项图表、名称等属性,如图 2.72 所示。

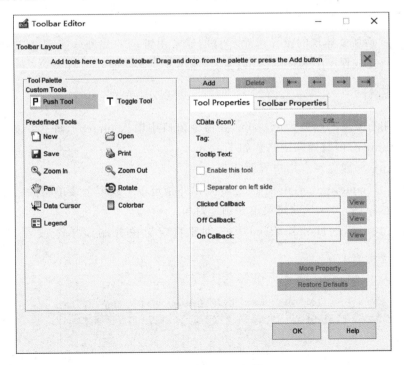

图 2.72　工具栏编辑器

6. GUI 属性编辑器

GUI 属性编辑器(GUI Options)如图 2.73 所示。该编辑器中的 Resize behavior 项用于设置 GUI 的缩放形式,如固定界面、比例缩放及用户自定义缩放等;Command – line accessibility 项用于设置命令窗口句柄操作的响应方式;中间的复选框用于设置保存形式。

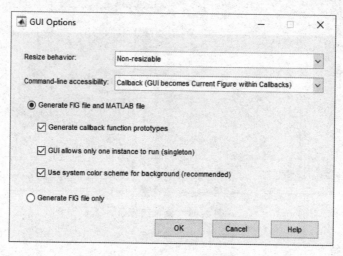

图 2.73   GUI 属性编辑器

2.10.2 控件编程设计

GUI 图形界面所要体现的设计思路和目的通常由特定的程序来实现。在程序运行前需要编写相关代码完成程序中变量的赋值、输入/输出及绘图功能等。

1. 用户菜单设计

用于建立用户菜单的函数为 uimenu,在命令窗口中输入 uimenu,即弹出如图 2.74 所示的图形界面。uimenu 函数的调用格式如下:

m=uimenu——建立现有用户界面的菜单栏;

m=uimenu(Name,Value,…)——建立菜单并指定单个或多个菜单属性名称和值;

m=uimenu(parent)——创建菜单并制定对象;

m=uimenu(parent,Name,Value)——创建特定对象并制定单个或者多个菜单属性和值。

图 2.74   图形界面显示

2．回调函数

在用户界面设计过程中,控件与所对应的函数或者程序需建立相应的关系。对应的程序称为回调函数(callbacks)。回调函数由主控程序调用,用于定义对象如何处理信息并响应事件。主控程序通过前台操作对各种消息进行分析处理。在控件触发时调用对应的回调函数,执行完毕后重新回到主控程序,对象句柄 gcbo 用于查询对象的属性,如 get(gcbo,'Value')。

Tag 属性是控件的唯一标识符,GUIDE 生成 M 文件时将 Tag 属性作为前缀,置于回调函数关键字 Callback 之前,通过与下划线连接形成函数名。

GUIDE 数据通常定义成 handles 结构,设计者通过添加字段将数据保存至 handles 结构指定字段中,从而实现回调之间的数据共享。

3．GUI 应用举例

(1) 例1:统计鼠标单击次数

第一步:执行 File ▸New ▸GUI 菜单命令后,选择 Blank GUI(Dcfault)项新建一个 GUI 文件。

第二步:进入 GUI 开发环境以后添加 1 个静态文本框(Static Text)和 1 个 Push Button 按钮。

第三步:属性设置。

① 双击 Push Button,进入 Push Putton 属性设置界面,修改 Font Size 为 12,修改 String 为 Click。

② 双击 Static Text,进入其属性修改界面,修改 Foregroundcolor 为红色,修改 String 为空。

修改后的效果如图 2.75 所示。

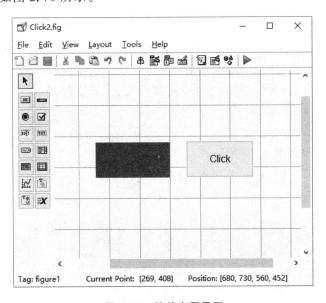

图 2.75　控件布置界面

第四步：添加 Callback 代码，单击工具栏中的 Menu Editor 按钮进入代码编辑界面。

在 M-file 编辑器界面中，找到函数 function pushbutton1_Callback(hObject，eventdata，handles)，在这个函数名称下面写入如下程序段：

```
persistent c
if isempty(c)        % 如果 c 矩阵是空矩阵
     c = 0
end
c = c + 1;
str = sprintf('Total Clicks:   % d',c);
set(handles.text1,'String',str);
```

第五步：单击工具栏中的 Run 按钮，在单击 Click 按钮后，Total Clicks 中的次数会随之变化，单击 3 次之后的界面如图 2.76 所示。

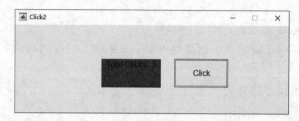

图 2.76　鼠标单击 3 次后的运行界面

(2) 例 2：简易计算器设计

第一步：执行 File→New→GUI 菜单命令后，选择 Blank GUI(Default)项新建 GUI 文件。

第二步：进入 GUI 开发环境以后添加 1 个 StaticText 和 20 个 Push Button 按钮。Static Text 用来显示数和结果，20 个 Push Botton 分别为 0～9、加、减、乘、除、点、等于、平方、返回、清空、退出。

第三步：对各控件做如下设置：

① 双击 Static Text 进入属性设置界面，修改 Backgroundcolor 为淡蓝色，修改 Font Size 为 15，修改 String 为空白，修改 Tag 为 text1；

② 分别双击 20 个 Push Button 进入按钮属性设置，分别修改 Backgroundcolor 为红色，修改 Font Size 为 15，修改 String 分别为 0～9、"＋"、"－"、"＊"、"/"、"."、"＝"、"X^2"、返回、清空、退出等。

设置完成后的效果如图 2.77 所示。

第四步：为各控件添加 Callback 代码，单击工具栏中的 Menu Editor 按钮进入代码编辑界面。M 文件源程序如下：

```
function varargout = calculator(varargin)
% % 参数及屏显设置
gui_Singleton = 1;
gui_State = struct('gui_Name',        mfilename, ...
                   'gui_Singleton',   gui_Singleton, ...
                   'gui_OpeningFcn',  @calculator_OpeningFcn, ...
                   'gui_OutputFcn',   @calculator_OutputFcn, ...
                   'gui_LayoutFcn',   [] , ...
```

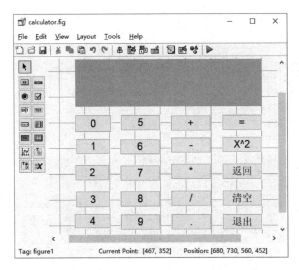

图 2.77　简易计算器控件布置界面

```
                    'gui_Callback',    []);
if nargin && ischar(varargin{1})
    gui_State.gui_Callback = str2func(varargin{1});
end
 if nargout
    [varargout{1:nargout}] = gui_mainfcn(gui_State, varargin{:});
else
    gui_mainfcn(gui_State, varargin{:});
end
function calculator_OpeningFcn(hObject, eventdata, handles, varargin)
handles.output = hObject;
guidata(hObject, handles);
function varargout = calculator_OutputFcn(hObject, eventdata, handles)
varargout{1} = handles.output;

%%数字按钮"0"的 Callback 函数
function pushbutton1_Callback(hObject, eventdata, handles)
textString = get(handles.text1,'String');
textString = strcat(textString,'0');
set(handles.text1,'String',textString)

%%数字按钮"1"的 Callback 函数
function pushbutton2_Callback(hObject, eventdata, handles)
textString = get(handles.text1,'String');
textString = strcat(textString,'1');
set(handles.text1,'String',textString)

%%数字按钮"2"的 Callback 函数
function pushbutton3_Callback(hObject, eventdata, handles)
textString = get(handles.text1,'String');
textString = strcat(textString,'2'); set(handles.text1,'String',textString)

%%数字按钮"3"的 Callback 函数
function pushbutton4_Callback(hObject, eventdata, handles)
textString = get(handles.text1,'String');
textString = strcat(textString,'3'); set(handles.text1,'String',textString)

%%数字按钮"4"的 Callback 函数
```

```
function pushbutton5_Callback(hObject, eventdata, handles)
textString = get(handles.text1,'String');
textString = strcat(textString,'4');
set(handles.text1,'String',textString)
```

%%数字按钮"5"的 Callback 函数
```
function pushbutton6_Callback(hObject, eventdata, handles)
textString = get(handles.text1,'String');
textString = strcat(textString,'5');
set(handles.text1,'String',textString)
```

%%数字按钮"6"的 Callback 函数
```
function pushbutton7_Callback(hObject, eventdata, handles)
textString = get(handles.text1,'String');
textString = strcat(textString,'6'); set(handles.text1,'String',textString)
```

%%数字按钮"7"的 Callback 函数
```
function pushbutton8_Callback(hObject, eventdata, handles)
textString = get(handles.text1,'String');
textString = strcat(textString,'7');
set(handles.text1,'String',textString)
```

%%数字按钮"8"的 Callback 函数
```
function pushbutton9_Callback(hObject, eventdata, handles)
textString = get(handles.text1,'String');
textString = strcat(textString,'8');
set(handles.text1,'String',textString)
```

%%数字按钮"9"的 Callback 函数
```
function pushbutton10_Callback(hObject, eventdata, handles)
textString = get(handles.text1,'String');
textString = strcat(textString,'9');
set(handles.text1,'String',textString)
```

%%运算符按钮"+"的 Callback 函数
```
function pushbutton11_Callback(hObject, eventdata, handles)
textString = get(handles.text1,'String');
textString = strcat(textString,'+'); set(handles.text1,'String',textString)
```

%%运算符按钮"-"的 Callback 函数
```
function pushbutton12_Callback(hObject, eventdata, handles)
textString = get(handles.text1,'String');
textString = strcat(textString,'-');
set(handles.text1,'String',textString)
```

%%运算符按钮"*"的 Callback 函数
```
function pushbutton13_Callback(hObject, eventdata, handles)
textString = get(handles.text1,'String');
textString = strcat(textString,'*');
set(handles.text1,'String',textString)
```

%%运算符按钮"/"的 Callback 函数
```
function pushbutton14_Callback(hObject, eventdata, handles)
textString = get(handles.text1,'String');
textString = strcat(textString,'/'); set(handles.text1,'String',textString)
```

%%按钮"."的 Callback 函数
```
function pushbutton15_Callback(hObject, eventdata, handles)
textString = get(handles.text1,'String');
textString = strcat(textString,'.'); set(handles.text1,'String',textString)
```

```
% % 按钮" = "的 Callback 函数
function pushbutton16_Callback(hObject, eventdata, handles)
textString = get(handles.text1,'String');
ans = eval(textString);
set(handles.text1,'String',ans)

% % 运算符按钮"X^2"的 Callback 函数
function pushbutton17_Callback(hObject, eventdata, handles)
textString = get(handles.text1,'String');
textString = strcat(textString,'^2');
set(handles.text1,'String',textString)

% % 按钮"返回"的 Callback 函数
function pushbutton18_Callback(hObject, eventdata, handles)
textString = get(handles.text1,'String')
w = length(textString)
t = char(textString)
textString = t(1:w - 1)
set(handles.text1,'String',textString)

% % 按钮"清空"的 Callback 函数
function pushbutton19_Callback(hObject, eventdata, handles)
set(handles.text1,'String','')

% % 按钮"退出"的 Callback 函数
function pushbutton20_Callback(hObject, eventdata, handles)
close(gcf);
function text1_Callback(hObject, eventdata, handles)
function text1_CreateFcn(hObject, eventdata, handles)
if ispc && isequal(get(hObject,'BackgroundColor'), get(0,'defaultUicontrolBackgroundColor'))
    set(hObject,'BackgroundColor','white');
end
```

第五步：单击工具栏中的 Run 按钮，弹出 Fig 对话框，输入 $50*20+5$，界面显示如图 2.78 所示。

图 2.78　简易计算器运行界面

单击"＝"按钮，运算结果自动显示于静态文本框，程序运行结果如图 2.79 所示。

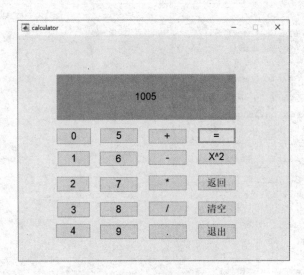

图 2.79 加法计算器运行结果

2.11 动态图形与动画

运用视觉暂留的现象,可以将静态图形制作成动画。动画制作有两种方法:一种方法是预先将图形制作好,并放到图形缓冲区内,再一幅一幅地播放出来;另一种方法是保持图形背景图案不变,为了加快图形的刷新速度,只更新运动部分的图案。

MATLAB 中的函数 moviein、getframe 及 movie 提供了捕捉和播放动画的所需工具。函数 moviein 可以产生一个帧矩阵来存放动画中的帧;函数 getframe 对当前的图形进行快照;而函数 movie 按顺序回放各帧。

捕捉和回放动画的方法如下:

① 创建帧矩阵;

② 对动画中的每一帧生成图形,并把它捕捉到到帧矩阵里;

③ 从帧矩阵里回放动画。

MATLAB 可利用 moviein、getframe 及 movie 命令完成动画制作。

① M=moviein(n)初始化动画帧内存,即产生一个帧矩阵来存放动画中的帧。

② getframe 命令用来获取动画帧。

③ movie(M)按照顺序播放 M 帧矩阵中的动画帧。

例如,用 surfc 命令来制作矩形函数傅里叶变换后的函数 $sinc(r) = sin(r)/r$ 的立体图,并用动画命令实现动画效果,程序代码如下:

```
clear;
close all
x = -9:0.2:9;
[X,Y] = meshgrid(x);
R = sqrt(X.^2 + Y.^2) + eps;
Z = sin(R)./R;
h = surfc(X,Y,Z);
M = moviein(20);
```

```
for i = 1:20
    rotate(h,[0 0 1],15);
    M(i) = getframe;
    end
    movie(M,10,6)
```

结果如图 2.80 所示。

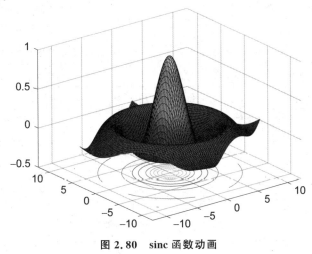

图 2.80　sinc 函数动画

2.12　本章小结

　　图形界面设计并不能保证满足所有用户的需求，MATLAB 也可由 M 文件来建立令人印象深刻的 GUI 函数。通过 mex 文件、高级语言或数据库调用来建立一个符合要求的界面。

　　本章所讨论的函数总结如表 2.9～表 2.14 所列。

表 2.9　二维绘图函数表

二维绘图函数	功　　能
contour	二维等值线图，即从上向下看 contour3 等值线图
contour3	等值线图
fill3	填充的多边形
mesh	网格图
meshc	具有基本等值线图的网格图
meshz	有零平面的网格图
pcolor	二维伪彩色绘图，即从上向下看 surf 图
plot3	直线图
quiver	二维带方向箭头的速度图
surf	曲面图
surfc	具有基本等值线图的曲面图
surfl	带亮度的曲面图
waterfall	无交叉线的网格图

表 2.10   三维绘图函数表

三维绘图函数	功　能	三维绘图函数	功　能
axis	修正坐标轴属性	movie	放动画
clf	清除图形窗口	moviein	创建帧矩阵,存储动画
clabel	放置等值线标签	shading	在曲面图和伪彩色图中用分块、平滑和插值加阴影
close	关闭图形窗口		
figure	创建或选择图形窗口	subplot	在图形窗口内画子图
getframe	捕捉动画帧	text	在指定的位置放文本
grid	放置网格	title	放置标题
griddata	对画图用的数据进行内插	view	改变图形的视角
hidden	隐蔽网格图线条	xlabel	放置 x 轴标记
hold	保留当前图形	ylabel	放置 y 轴标记
meshgrid	产生三维绘图数据	zlabel	放置 z 轴标记

表 2.11   设置视角函数表

函数 view	功　能
view(az,el)	设置视图的方位角 az 和仰角 el
view([x,y,z])	在笛卡儿坐标系中沿向量[x,y,z]正视原点设置视图,例如 view([0 0 1])＝view(0,90)
view(2)	设置默认的二维视图,az＝0,el＝90
view(3)	设置默认的三维视图,az＝－37.5,el＝30
[az,el]＝view	返回当前的方位角 az 和仰角 el
view(T)	用一个 4×4 的转置矩阵 T 来设置视图
T＝view	返回当前的 4×4 转置矩阵

表 2.12   高级图形函数表

高级图形函数	功　能
mmcont2(X,Y,Z,C)	具有颜色映象的二维等值线图
mmcont3(X,Y,Z,C)	具有颜色映象的三维等值线图
mmspin3d(N)	旋转当前图形的三维方位角来制作动画
mmview3d	用滑标来调整视角

表 2.13   GUI 函数表

GUI 函数	功　能
uimenu(handle, 'PropertyName',value)	创建或改变图形的菜单
uicontrol(handle, 'PropertyName',value)	创建或改变对象的性质

续表 2. 13

GUI 函数	功　能
dialog('PropertyName',value)	显示对话框
helpdlg('HelpString', 'DlgName')	显示＇帮助＇对话框
warndlg('WarnString', 'DlgName')	显示＇警告＇对话框
errordlg('ErrString', 'DlgName',Replace)	显示＇出错对话框
questdlg('Qstring',S1,s2,s3,Default)	显示＇提问＇对话框
uigetfile(Filter,Dlgname,X,Y)	交互式地检索文件名
uiputfile(InitFile,Dlgname,X,Y)	交互式地检索文件名
uisetcolor(Handle,Dlgname)	交互式地选择颜色
uisetcolor([r g b],Dlgname)	交互式地选择颜色
uisetfont(Handle,Dlgname)	交互式地选择字体属性

表 2. 14　句柄图形 GUI 函数表

句柄图形 GUI 函数	功　能
mmenu	uimenu 函数示例
mmclock(X,Y)	uicontrol 函数示例
mmsetclr	函数 mmsetc 的有限脚本型式
mmview3d	把方位角和仰角的滑标加到图形上
mmcxy	用鼠标显示的 x－y 坐标
mmtext(＇String＇)	用鼠标放置和拖曳文本
mmdraw(＇Name＇,Value)	用鼠标画线并设置属性
mmsetc(Handle)	用鼠标设置颜色属性
mmsetc(ColorSpec)	
mmsetc(＇select＇)	
mmsetf(Handle)	用鼠标设置字体属性
mmsetf(＇select＇)	

习　题

1. 使用 plot 命令绘制 $\sin x$ 和 $\cos x$ 曲线,要求用不同的线型和颜色,并对两条曲线加标注以区分。

2. 试将图形窗口分割成四个区域,并分别绘制 $\sin x$、$\cos x$、$\sin(2x)$、$\cos(2x)$ 在 $[0,2\pi]$ 区间内的图形,并加上适当的图形修饰。

3. 试将图形窗口分割成三个区域,并分别绘制 $\lg x$ 在 $[0,100]$ 区间内的对数坐标、x 半对数坐标及 y 半对数坐标的图形,并加上适当的图形装饰。

4. 绘制一个三维图形,$x = \sin(2t)$,$y = \cos(2t)$,$z \in [0, 10\pi]$,并加上适当的三维图形装饰。

5. 创建一个图形窗口,获取并修改其各种属性。

6. 使用 contour3 和 contour 函数,实现三维数据的二维图显示功能。

7. 使用 surf 和 pcolor 函数,实现三维数据的二维图显示功能。

8. 创建一个三维曲面,使用 hide 功能和透视功能(NaN 数组的应用)。

9. 创建一个菜单,获取并修改其各种属性。

10. 试用控件设计方法完成 $y = -2x^2 + 1$ 的图形显示。

11. 试用 MATLAB 动画技术,完成一个小球做圆周运动的动画。

12. 在图形窗口编辑完成 $y = \sin t$ 的图形绘制编辑,包括坐标、标题、灯光及视角的改变。

13. 利用 hold 命令绘制离散信号通过零阶保持器后产生的波形,波形($y = \cos t \times e^t$)如图 2.81 所示。

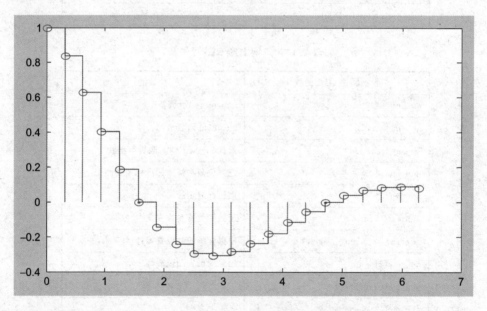

图 2.81　题 13 图

14. 使用 GUI 来创建一个如图 2.82 所示的加法计算器图形用户界面。

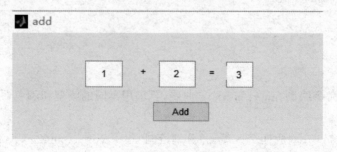

图 2.82　题 14 图

第3章 线性系统分析与设计

3.1 概　述

　　线性控制系统的计算机辅助分析与设计作为一门专门的学科,一直受到控制界的普遍重视,在其发展过程中出现了各种各样的控制系统分析与设计软件或工具包。MATLAB 控制工具箱是这些众多工具中最为流行、使用最为广泛的系统分析与设计工具。

　　MATLAB 中含有极为丰富的专门用于控制系统分析与设计的函数。如复数运算、求特征值、方程求根、矩阵求逆、快速傅里叶变换和曲线拟合、系统设计等一些复杂的运算,在 MATLAB 中仅用一条函数便能实现。更为方便的是,MATLAB 中的线性代数、矩阵计算和数值分析等功能为控制系统的分析和设计提供了可靠的基础和支持。

　　MATLAB 可以实现对线性系统的时域或频域分析、设计与建模,利用的就是工具箱中的各种算法,而这些算法大部分都是 M 文件,可以自行编写、直接调用。MATLAB 既可以处理连续的系统,也可以处理离散系统;根据控制系统描述方法的不同(如系统是用传递函数来表达,还是用状态空间来表达)来选择经典的或现代的控制技术来处理。不仅如此,还可以利用 MATLAB 提供的函数来进行模型之间的转换。对于经典的控制系统分析中常用的一些分析方法(如时间响应、频率响应、根轨迹等)都能方便地进行计算,并以图形的形式表达出来。当然也能很方便地利用其他一些函数来进行极点配置、最优控制与估计等方面的所谓的现代分析方法。

　　当被控制对象的模型未知时,还可以利用 MATLAB 辨识工具箱中提供的一些函数对被控对象进行辨识和建模,然后根据需要再选择各种系统分析和设计方法;另外,还可以利用 MATLAB 提供的 S 函数对一些非线性动静态系统进行分析和设计。更为重要的是,用户可以编制自己的 M 文件来任意添加工具箱中原来没有的工具函数。

　　本章重点介绍 MATLAB 在控制系统描述和设计方面常用的一些命令及其应用方法。

3.2 线性系统的描述

　　MATLAB 处理的是矩阵对象,而其控制系统工具箱处理的系统是线性时不变(LTI)系统。因此,利用 MATLAB 控制系统工具箱提供的一些函数对线性时不变系统进行分析和设计时,首先需要用矩阵的方式对控制系统进行描述,包括连续系统和离散系统。描述的方法既可以采用经典控制论中的方法,也可以采用现代控制理论中的各种方法,而且各种描述方法之间可以相互转换。

3.2.1　连续系统的数学描述

1. 状态空间描述法

　　线性时不变系统的特性可以用一组一阶微分方程来描述,其矩阵形式即为现代控制理论中常用的状态空间表示法。线性系统的通常数学描述为

$$\begin{cases} \dot{x} = Ax + Bu \\ y = Cx + Du \end{cases}$$

其中,A、B、C、D 是系统矩阵,x 和 y 分别是 n_x 维系统状态向量和 n_y 维系统输出向量,u 是 n_u 维系统控制向量。

　　在 MATLAB 中,控制系统的状态空间表示法用系统矩阵 A、B、C 和 D 来表示,并且被当作独立变量来对待。如果已经有了 A、B、C、D 矩阵,则可直接用 M 文件或在工作空间定义该矩阵。如果只有系统参数,则需要首先推导得出其常值状态方程的形式。例如,对于典型的由一对极点组成的二阶系统,假设其自然振荡频率 $\omega_n = 1.5$,阻尼比 $\xi = 0.2$,其常值描述的状态空间为

$$\begin{bmatrix} \dot{x}_1 \\ \dot{x}_2 \end{bmatrix} = \begin{bmatrix} 0 & 1 \\ -\omega_n^2 & -2\xi\omega_n \end{bmatrix} \begin{bmatrix} x_1 \\ x_2 \end{bmatrix} + \begin{bmatrix} 0 \\ \omega_n^2 \end{bmatrix} u$$

$$y = x_1$$

　　在 MATLAB 中,实现上述二阶系统的状态空间描述所用的语句为

```
wn = 1.5;
z = 0.2;
a = [   0        1
     - wn^2   - 2 * z * wn];
b = [0
     wn^2];
c = [1   0];
d = 0;
```

　　如果没有给出 ω_n 和阻尼比 ξ 的数值,则只能定义符号矩阵(见1.10节)。

　　在 MATLAB 中,状态空间是对线性时不变系统最为自然的一种模型描述方法,而对于多输入/多输出(MIMO)系统而言,状态空间描述是唯一方便且容易处理的数学模型描述方法。

2. 传递函数描述法

　　将线性系统的状态空间表达式进行拉普拉斯变换,得到线性时不变系统的另一种等价描述方法——传递函数描述法。用数学形式描述为

$$Y(s) = H(s) \cdot U(s)$$

它与状态方程的关系为

$$H(s) = C(sI - A)^{-1}B + D$$

　　对于单输入/单输出(SISO)系统,其传递函数 $H(s)$ 可以表示成如下关于 s 的多项式有理分式的形式:

$$H(s) = \frac{num(s)}{den(s)} = \frac{num(1)s^{nn-1} + num(2)s^{nn-2} + \cdots + num(nn-1)s + num(nn)}{den(1)s^{nd-1} + den(2)s^{nd-2} + \cdots + den(nd-1)s + den(nd)}$$

其中,nn 和 nd 分别是传递函数分子和分母关于 s 多项式系数的个数。在 MATLAB 中,传递函数描述法是通过传递函数分子和分母关于 s 降幂排列的多项式系数来表示的,可以选择用向量名为 num 和 den 的多项式来表示:

$$num = \begin{bmatrix} num(1) & num(2) & \cdots & num(nn) \end{bmatrix}$$
$$den = \begin{bmatrix} den(1) & den(2) & \cdots & den(nd) \end{bmatrix}$$

对于单输入/多输出(SIMO)系统,其特征值的个数和数值都不改变,因此分母多项式 den 不变,分子多项式 num 改变为矩阵形式,其行数与输出 y 的个数相同。例如,对于单输入/多输出(SIMO)系统(2 个输出),可以写为

$$H(s) = \frac{\begin{bmatrix} 3s+2 \\ s^3 + 2s + 5 \end{bmatrix}}{3s^3 + 5s^2 + 2s + 1}$$

只要在 MATLAB 中键入如下代码,即可实现 MATLAB 对上述系统的传递函数描述:

```
num = [0   0   3   2
       1   0   2   5];
den = [3   5   2   1];
```

注意:缺项的系数应当用零代替。对于多输出系统,假如某一分子多项式的阶次比其他阶次要低,则可以用主导极点的原理来进行拓展,使矩阵或向量的维数一致,在用 MATLAB 实现时,可在 num 相应行的前面补零。

对于多输入/多输出系统,分子多项式变成了矩阵的形式,也可以选择面向每一个输入输出变量的单输入/单输出形式。

在传递函数描述领域用得比较多的一个相关命令为 tf。tf 命令可以创建一个传递函数或将数据从其他描述转换为传递函数,其中:

sys1=tf(num,den)——用零点和极点多项式定义一个连续传递函数;

s=tf('s')——定义 Laplace 算子。

tf 命令可以完成多个传递函数的串联(相乘)和加减(并联)运算。命令 feedback 还可以得到闭环传递函数,feedback 的命令格式如下:

s3=feedback(s1,s2)——获得以 s1 为前向通道,s2 为反馈通道的闭环系统传递函数。

例如,对于几个传递函数 tf1=0.64,tf2=$\frac{1}{s+1}$,tf3=$\frac{50}{5s+1}$,输入如下程序:

```
tf1 = 0.64                  % 定义传递函数 tf1 为常数
tf2 = tf([1],[1 1])         % 定义传递函数 tf2
tf3 = tf([50],[5 1])        % 定义传递函数 tf3
G0s = tf1 * tf2 * tf3       % 3 个传递函数串联
```

得到的结果为

```
tf1 =
    0.6400
```

tf2 的描述如下:

```
Transfer function：
   1
 - - - - -
 s + 1
```

tf3 的描述如下：

```
Transfer function：
  50
 - - - - - - -
 5 s + 1
```

3 个传递函数串联，得到

```
Transfer function：
      32
 - - - - - - - - - - - - -
  5 s^2 + 6 s + 1
```

再键入以下命令：

```
tf4 = tf([0.03],[1 1])              % 定义传递函数 tf4
Gs = feedback(G0s,tf4)              % 求以 tf4 为反馈，G0s 为前项通道传递函数的闭环传递函数
```

得到 tf4 的描述如下：

```
Transfer function：
  0.03
 - - - - -
  s + 1
```

以及系统总闭环传递函数如下：

```
Transfer function：
        32 s + 32
 - - - - - - - - - - - - - - - - - - - - -
   5 s^3 + 11 s^2 + 7 s + 1.96
```

如果要获得 3 个传递函数并联的结果，则可以键入

```
Gz = tf1 + tf2 + tf3          % 3 个传递函数相加
```

结果为

```
Transfer function：
  3.2 s^2 + 58.84 s + 51.64
 - - - - - - - - - - - - - - - - - - - - -
      5 s^2 + 6 s + 1
```

3. 零极点描述法

将传递函数中关于 s 的分子和分母多项式进行因式分解，即得到传递函数的零极点形式为

$$H_i(s) = k_i \frac{[s - z_i(1)][s - z_i(2)] \cdots [s - z_i(nn)]}{[s - p(1)][s - p(2)] \cdots [s - p(nd)]}$$

根据 MATLAB 的规定,多项式的根以列向量的形式存储,行向量用来存储多项式的系数。因此,在上式的传递函数零极点表达式中,列向量 p 存储传递函数分母的极点位置,零点存储在矩阵 z 的列中,既可以是实数,也可以是复数;z 的列数等于输出向量 y 的维数,或输出个数,每列对应一个输出。对应增益存储在列向量 k 中。对于单输入/单输出(SISO)系统,k 为标量。

在 MATLAB 控制工具箱中,函数 poly 和 roots 可以实现多项式形式和零极点形式的相互转化。例如,对于一个多项式 $p(x) = x^3 + 3x^2 + 5x + 2$,可以首先定义多项式系数序列:

```
p = [1 3 5 2];
```

然后利用函数 roots 可以得到 p 所对应的多项式极点,键入

```
r = roots(p)
```

结果为

```
r =
  - 0.5466 + 0.0000i
  - 1.2267 + 1.4677i
  - 1.2267 - 1.4677i
```

以上结果表示该多项式具有 3 个极点,即一对复极点和一个实极点。

反之,用函数 poly 可以得到以 r 为极点的多项式系数,键入

```
pp = poly(r)
```

结果为

```
pp =
    1.0000   3.0000   5.0000   2.0000
```

"pp＝p"表明通过变换返回了原始的多项式 p。

对于单输入/多输出(SIMO)线性时不变系统,函数 tf2zp 可以实现多项式传递函数形式到因式分解的零极点传递函数形式的转换,函数 zp2tf 则可实现其逆变换。

考虑一个单输入/多输出(SIMO)系统:

$$H(s) = \frac{z(s)}{p(s)} = \frac{\begin{bmatrix} 3(s+12) \\ 4(s+1)(s+2) \end{bmatrix}}{(s+3)(s+4)(s+5)} = \frac{\begin{bmatrix} 3s+36 \\ 4s^2+12s+8 \end{bmatrix}}{s^3+12s^2+47s+60}$$

在 MATLAB 中,实现上述系统零极点描述的 M 程序如下:

```
k = [3;4];
z = [ - 12  - 1
   Inf  - 2];
p = [ - 3
   - 4
   - 5];
```

注意:在上述多输出系统中,由于第一项分子比第二项分子的阶次低,因此需要用主导极点的原理来进行拓展,用无穷远处的零点来拓展低阶的分子,使得矩阵或向量的维数一致。

定义了上述零极点与增益多项式,键入

```
[n1,d1] = zp2tf(z,p,k)          % 获得分子分母多项式
```

结果为

```
n1 =
     0     0     3    36
     0     4    12     8
d1 =
     1    12    47    60
```

以上结果表明,得到的分子分母多项式系数与定义的相同。

4. 部分分式描述法

系统传递函数也可以表示成部分分式或留数的形式。众所周知,一个 n 阶单输入/单输出线性系统可以分解为 n 个一阶模态的形式:

$$H(s)=\frac{\mathrm{num}(s)}{\mathrm{den}(s)}=\frac{r(1)}{s-p(1)}+\frac{r(2)}{s-p(2)}+\cdots+\frac{r(n)}{s-p(n)}+k(s)$$

在具体实现时,可以用列向量 p 表示传递函数的极点,列向量 r 包括零点(和极点相对应的留数部分),行向量 k 表示原传递函数的常值剩余部分。可以用 MATLAB 工具箱中的函数 residue 实现传递函数和部分分式之间的相互转换。例如,对于传递函数没有相同极点情况下,部分分式相互转化的语句为

```
[r,p,k] = residue(num,den);
[num,den] = residue(r,p,k);
```

这里利用得到的 n1 和 d1,通过键入下面的命令,可以得到第一个输出对于输入的传递函数的零极点或多项式形式:

```
n2 = n1(1,:) ;          % 取分子多项式的第一行
[r1,p1,k1] = residue(n2,d1)
[nn2,d2] = residue(r1,p1,k1)
```

结果为

```
r1 =
    10.5000
  - 24.0000
    13.5000
p1 =
  - 5.0000
  - 4.0000
  - 3.0000
k1 =
    []
nn2 =
  - 0.0000    3.0000    36.0000
d2 =
    1.0000   12.0000    47.0000    60.0000
```

可以看出，极点和极点多项式与前面相同，第二个输出的零点多项式 nn2 也相同。要注意 residue 实现的是单输入/单输出传递函数的分解与合并，对于多输入/多输出系统不适用。

3.2.2　离散系统的数学描述

在 MATLAB 中，线性时不变离散系统和连续系统一样，也有状态空间、多项式传递函数、零极点增益以及部分分式等多种描述方法，其表达方法与连续系统一样，只是用 z 算子描述，而不是连续传递函数的 s 算子。

1. 状态空间描述法

线性时不变离散系统总能用一组一阶差分方程形式来表示：

$$\begin{cases} x(n+1)=Ax(n)+Bu(n) \\ y(n)=Cx(n)+Du(n) \end{cases}$$

其中 u、x、y 分别是相应维数的控制输入向量、状态向量以及输出向量，n 表示采样时刻。和连续系统一样，线性时不变离散系统可用矩阵 A、B、C 和 D 表示。

2. 传递函数描述法

对离散系统状态空间表达式进行 Z 变换，可以得到其等效的 Z 变换传递函数描述形式

$$Y(z)=H(z) \cdot U(z)$$

$$H(z)=C(zI-A)^{-1}B+D$$

对于单输入/单输出离散系统，其传递函数形式表示为

$$H(z)=\frac{\mathrm{num}(1)z^{nn-1}+\mathrm{num}(2)z^{nn-2}+\cdots+\mathrm{num}(nn)}{\mathrm{den}(1)z^{nd-1}+\mathrm{den}(2)z^{nd-2}+\cdots+\mathrm{den}(nd)}$$

其中 nn 和 nd 分别是传递函数分子和分母关于 z 多项式系数的个数。在 MATLAB 中，传递函数描述法是通过传递函数分子和分母关于 z 降幂排列的多项式系数来表示的，并用向量 num 和 den 表示：

$$\mathrm{num}=[\mathrm{num}(1)\quad \mathrm{num}(2)\quad \cdots\quad \mathrm{num}(nn)];$$

$$\mathrm{den}=[\mathrm{den}(1)\quad \mathrm{den}(2)\quad \cdots\quad \mathrm{den}(nd)];$$

对于单输入/多输出(SIMO)系统，上述的 num 为矩阵，其行数与输出 y 的个数相同。

对于上述的传递函数，还可以表示成 z^{-1} 的形式：

$$H(z)=\frac{\mathrm{num}(1)z^{nn-nd}+\mathrm{num}(2)z^{nn-nd-1}+\cdots+\mathrm{num}(nn)z^{-nd+1}}{\mathrm{den}(1)+\mathrm{den}(2)z^{-1}+\cdots+\mathrm{den}(nd)z^{-nd+1}}$$

如果 $nn=nd$，则上述两种传递函数描述形式完全相同；但是，当 $nn<nd$ 时，离散系统的上述两种传递函数描述方法是不同的。例如，若在 MATLAB 中有如下语句：

```
num=[-3.4  1.5];
den=[1   -1.6  0.8];
```

则在控制系统工具包中，上述语句所描述的传递函数为

$$H(z)=\frac{-3.4z+1.5}{z^2-1.6z+0.8}$$

但是，在信号处理工具包中上述语句所描述的传递函数为

$$H(z) = \frac{-3.4 + 1.5z^{-1}}{1 - 1.6z^{-1} + 0.8z^{-2}}$$

显然,相同语句在不同工具包中所描述的传递函数是不相同的。为了避免这种情况的发生,通常采用系数数组的全阶表示,用零补齐相应的缺项。例如,若上述语句改为

```
num = [0   -3.4   1.5];
den = [1   -1.6   0.8];
```

则其所描述的两个传递函数形式就完全相同了。在实际应用中,要特别注意到上述问题之间的区别,因为在控制系统工具包中用的是 z 传递函数形式,而在信号处理工具包或者滤波器设计中用的是 z^{-1} 形式。为了安全起见,总是在分子多项式前面补零的方法使得传递函数分子多项式系数个数与分母多项式系数个数相同,这样不管是在控制系统工具包中,还是在信号处理工具包中都不会出现异议。

离散传递函数经常使用 z^{-1} 的变量描述,这一点与连续传递函数不同,这是由于利用 z^{-1} 的描述可以直接得出时间域的差分方程,便于编程实现仿真算法。

tf命令不仅可以用于连续的传递函数描述,而且也可以创建一个离散传递函数或将数据从其他描述转换为离散传递函数。其中:

sys2＝tf(num, den, ts)——用零点和极点多项式定义一个离散传递函数,采样周期为 ts。

z ＝ tf('z',ts)——定义 z 算子和离散系统采样周期。

3. 零极点描述法

与连续系统相同,将离散传递函数进行因式分解即得到离散系统的零极点增益形式:

$$H_i(z) = \frac{z(z)}{p(z)} = k \frac{[z - z_1(1)][z - z_i(2)]\cdots[z - z_i(n_n)]}{[z - p(1)][z - p(2)]\cdots[z - p(nd)]}$$

4. 部分分式描述法

部分分式或留数形式为

$$H(z) = \frac{r(1)}{z - p(1)} + \frac{r(2)}{z - p(2)} + \cdots + \frac{r(nn)}{z - p(nd)}$$

离散系统的部分分式描述方法与连续系统相同。

3.3 模型之间的转换

由前可知,对线性时不变控制系统进行模型描述的方法主要由状态空间描述法、零极点增益描述法、传递函数描述法以及部分分式描述法等,而这些模型描述方法之间又存在着内在的等效关系。在某些场合下需要用到其中的一种模型,而在另一场合下又可能需要另外的模型。例如,在描绘系统根轨迹图形时通常需要系统的传递函数模型,而在基于二次型指标的最优控制设计中又需要知道系统的状态方程模型,因此实现各种模型之间的转换是非常必要的。

3.3.1 线性系统模型之间的转换

在控制系统工具箱中有一个对不同控制系统的模型描述进行转换的函数集,如表 3.1

所列。

表 3.1　模型转换函数

函　　数	说　　明
[num,den]＝ss2tf(a,b,c,d,iu)	状态空间转化为传递函数
[z,p,k]＝ss2zp(a,b,c,d,iu)	状态空间转化为零极点增益
[a,b,c,d]＝tf2ss(num,den)	传递函数转化为状态空间
[z,p,k]＝tf2zp(num,den)	传递函数转化为零极点增益
[a,b,c,d]＝zp2ss(z,p,k)	零极点增益转化为状态空间
[num,den]＝zp2tf(z,p,k)	零极点增益转化为传递函数
[r,p,k]＝residue(num,den)	传递函数转化为部分分式
[num,den]＝residue(r,p,k)	部分分式转化为传递函数

1．ss2tf

实现状态空间描述到传递函数形式的转换，基本用法如下：

```
[num,den] = ss2tf(a,b,c,d,iu)
```

其中 a、b、c、d 为离散或连续的状态空间系统矩阵，iu 为第 i 个输入，返回结果 den 为传递函数分母多项式的系数，按 s 的降幂排列。传递函数分子系数则包含在矩阵 num 中，num 的行数与输出 y 的维数一致，每列对应一个输出。

例如，已知矩阵方程：

```
a = [1.13   - 0.49   0.11
     1.00    0.00    0.00
     0.00    1.00    0.00];
b = [- 0.38  0.45
      0.52   0.23
      0.26   0.78];
c = [1.00   0.12   0.24];
d = [0.3   0.9];
```

若要计算输出对第一个输入的传递函数，可在命令行键入如下指令：

```
[num,den] = ss2tf(a,b,c,d,1)
```

则输出结果和形式如下：

```
num =
    0.3000   - 0.5942   - 0.1410   - 0.1740
den =
    1.0000   - 1.1300    0.4900   - 0.1100
```

若要计算输出对第二个输入的传递函数，可在命令行键入如下指令：

```
[num,den] = ss2tf(a,b,c,d,2)
```

则输出结果和形式如下：

```
num =
    0.9000      -0.3522     0.2806      0.0739
den =
    1.0000      -1.1300     0.4900     -0.1100
```

2. ss2zp

将状态空间形式转化为零极点增益形式,基本用法如下:

```
[z,p,k] = ss2zp(a,b,c,d,iu)
```

其中列向量 p 存储传递函数的极点,零点存储在矩阵 z 的列中,z 的列数等于输出向量 y 的维数,每列对应一个输出的零点,对应的增益则在列向量 k 中。例如,对于上述系统,若要计算输出对第一个输入的零点、极点及增益,可键入如下指令:

```
[z,p,k] = ss2zp(a,b,c,d,1)
```

则输出结果如下:

```
z =
    2.2955 + 0.0000i
   -0.1574 + 0.4774i
   -0.1574 - 0.4774i
p =
    0.6290 + 0.0000i
    0.2505 + 0.3349i
    0.2505 - 0.3349i
k =
    0.3000
```

同理,若要计算输出对第二个输入的零极点增益,键入如下指令:

```
[z,p,k] = ss2zp(a,b,c,d,2)
```

则输出结果如下:

```
z =
    0.2924 + 0.5825i
    0.2924 - 0.5825i
   -0.1934 + 0.0000i
p =
    0.6290 + 0.0000i
    0.2505 + 0.3349i
    0.2505 - 0.3349i
k =
    0.9000
```

3. tf2ss

将系统描述由传递函数形式转化为状态空间形式,基本用法如下:

```
[a,b,c,d] = tf2ss(num,den)
```

用来计算系统:

$$H(s) = \frac{\text{num}(s)}{\text{den}(s)}$$

对于一个单输入的状态空间形式,向量 den 为 $H(s)$ 的分母多项式的系数,按 s 的降幂排列。num 为一个矩阵,每行对应一个输出的分子系数,其行数等于输出的个数。返回结果 a、b、c、d 矩阵以可控标准型的形式给出。例如,对于前面提到的单输入/多输出(SIMO)系统:

$$H(s) = \frac{\begin{bmatrix} 3s+2 \\ s^3 + 2s + 5 \end{bmatrix}}{3s^3 + 5s^2 + 2s + 1}$$

在 MATLAB 中对上述系统的传递函数描述为

```
num = [0 0 3 2
       1 0 2 5];
den = [3 5 2 1];
```

若要将上述系统转化为状态空间形式,则只要键入以下命令:

```
[a,b,c,d] = tf2ss(num,den)
```

其输出结果和形式为

```
a =
  - 1.6667    - 0.6667    - 0.3333
    1.0000         0           0
        0      1.0000          0
b =
    1
    0
    0
c =
        0      1.0000      0.6667
  - 0.5556     0.4444      1.5556
d =
        0
    0.3333
```

注意:对于一个传递函数,其状态空间表达式不唯一,例如存在可控、可观标准型,对角线解耦的 lamda 标准型,还有根据用户自己定义的状态变量形成的状态方程。对于这些形式,得到的 a、b、c、d 矩阵可能不相同,但它们都对应着同一个传递函数。由上面的结果可以看出,MATLAB 给出的形式相当于可控标准型。

4. tf2zp

完成由传递函数形式转化为零极点形式,基本用法为

```
[z,p,k] = tf2zp(num,den)
```

该函数用来将一个多项式描述的 SIMO 系统转化为零极点形式,其中 den 是行向量,为传递函数分母多项式的系数,按 s 的降幂排列,每一个输出的分子系数包含在矩阵 num 的行中,num 的行数与输出 y 的维数一致,每列对应一个输出。返回结果的零点存储在矩阵 z 的列中,z 的列数与 num 的行数相同,极点在向量 p 中,对应的增益存储在向量 k 中。

5. zp2ss

将线性系统的零极点形式转化为状态空间形式,基本用法如下:

```
[a,b,c,d] = zp2ss(z,p,k)
```

其中 p 为极点向量,矩阵 z 的各列为零点,z 的列数等于输出的个数,对应的增益在向量 k 中。返回结果 a、b、c、d 以可控标准型给出。

6. zp2tf

将线性系统的零极点形式转化为传递函数形式,基本用法如下:

```
[num,den] = zp2tf(z,p,k)
```

其中向量 z 为零点,向量 p 为极点,标量 k 为增益。返回结果为传递函数的分子和分母多项式的系数,分别存储在向量 num 和 den 中。

7. Residue

实现传递函数与部分分式之间的相互转化,基本用法如下:

```
[r,p,k] = residue(num,den)
```

或

```
[num,den] = residue(r,p,k)
```

3.3.2 连续系统与离散系统之间的转换

除了实现线性系统各种描述方法之间的相互转化之外,还可以实现连续系统和离散系统之间的相互转化。

连续传递函数 $G(s)$ 采用不同离散化方法进行离散,对应得到的离散传递函数的对应公式如下:

脉冲响应不变的 Z 变换,简称 Z 变换:

$$G_1(z) = \mathbb{Z}[G(s)] \tag{3.1}$$

带一阶保持器的 Z 变换,简称带 zoh 的 Z 变换:

$$G_1(z) = \mathbb{Z}\left[\frac{1-\mathrm{e}^{-Ts}}{s}G(s)\right] \tag{3.2}$$

一阶向后差分:

$$G_2(z) = G(s)\Big|_{s=\frac{z-1}{Tz}} \tag{3.3}$$

一阶向前差分:

$$D_3(z) = G(s)\Big|_{s=\frac{z-1}{T}} \tag{3.4}$$

Tustin 变换,亦称双线性变换:

$$D_4(z) = G(s)\Big|_{s=\frac{2}{T}\cdot\frac{z-1}{z+1}} \tag{3.5}$$

预修正的 Tustin(选取关键频率＝ω_1)变换:

$$D_5(z) = G(s)\Big|_{s = \frac{\omega_1}{\tan(\omega_1 T/2)} \cdot \frac{z-1}{z+1}} \tag{3.6}$$

零极点匹配法，就是将 $G(s)$ 的零点和极点均按照 $z = e^{sT}$ 的关系，对应的映射到 z 平面上，当 $G(s)$ 的分子分母不同阶时还需要在分子上补上 $(z+1)^{n-m}$ 因子，其中的 n、m 分别为 $G(s)$ 的分子和分母的阶数。此外，还需要根据 $|G(j\omega_1)| = |G_6(e^{j\omega_1 T})|$ 来计算得到 $G_6(z)$ 的增益 k_1，其中的 ω_1 可以取值为 0（对应稳态增益相等）、∞（对应高频增益相等，此时也是对应 $z = -1$）或某个值（对应该频率处离散前后的幅频值相等）。

$$G(s) = \frac{k \prod_m (s + z_i)}{\prod_n (s + p_i)} \xrightarrow{z = e^{sT}} G_6(z) = \frac{k_1 \prod (z - e^{-z_z T})}{\prod_n (z - e^{-p_z T})} (z + 1)^{n-m} \tag{3.7}$$

MATLAB 转化函数和基本用法如表 3.2 所列。

表 3.2　转换函数及说明

函　数	说　明
c2d	将连续系统状态空间形式转化为离散系统状态空间形式（可选用不同方法）
c2dm	连续系统到离散系统的转换（可选用不同方法）
c2dt	带有输入纯时间延迟的连续形式到离散形式的转换
d2c	将离散系统状态空间形式转化为连续系统状态空间形式（可选用不同方法）
d2cm	离散系统到连续系统的转换（可选用不同方法）

1. c2d

带选项的将连续系统状态空间描述转化为离散系统状态空间形式，基本用法如下：

```
[Ad, Bd] = c2d(A,B,T,method)
```

其中 T 为采样周期，用于将连续系统：

$$\dot{x}(t) = Ax(t) + Bu(t)$$

转化为离散系统：

$$x(n+1) = Ad \cdot x(n) + Bd \cdot u(n)$$

通过参数 method 的选择可以采用不同的离散化方法，MATLAB 提供的方法包括：

zoh——带零阶保持器的 Z 变换；

foh——带一阶保持器的 Z 变换；

impulse——脉冲响应不变的 Z 变换；

tustin——双线性变换（Tustin 算法）；

matched——零极点匹配 Z 变换法（仅限于单输入/单输出系统）。

一般，默认采用 zoh 方法。

2. c2dm

带选项的连续系统到离散系统的转化命令，基本用法如下：

```
[Ad,Bd,Cd,Dd] = c2dm(A,B,C,D,T,'method')
```

其中，A、B、C、D 为连续系统的状态空间矩阵，Ad、Bd、Cd、Dd 为离散系统的状态空间矩阵，method 为转换时所选用的离散化方法，其选项主要有以下几种：

zoh——带零阶保持器的 Z 变换；

foh——带一阶保持器的 Z 变换；

tustin——双线性变换（Tustin 算法）；

prewarp——预修正双线性变换；

matched——零极点匹配变换法（仅限于单输入/单输出系统）。

上述函数还可以实现连续系统和离散系统传递函数之间的转换，用法如下：

```
[numd,dend] = c2dm(num,den,T,'method')
```

它根据上面 method 所指定的 5 种转换方法，将多项式传递函数 $G(s)=\text{num}(s)/\text{den}(s)$ 转化为离散的传递函数 $G(z)=\text{num}(z)/\text{den}(z)$。

需要特别说明的有以下两点：

① MATLAB 的零极点匹配变换法得到的结果与计算机控制系统中的定义不完全一致，其对应转换公式如下

$$G(s) = \frac{k\prod\limits_{m}(s+z_i)}{\prod\limits_{n}(s+p_i)} \xrightarrow{z=e^{sT}} G_6(z) = \frac{k_2\prod\limits_{m}(z-e^{-z_iT})}{\prod\limits_{n}(z-e^{-p_iT})} \tag{3.8}$$

式中，T 为采样周期。

式（3.7）得到的是一个分子分母同阶的结果，而式（3.8）的结果却不是，因此，需要对 MATLAB 得到的零极点匹配结果进行相应的修正，其修正内容包括：① 增添零点 $z=-1$；②修订相应的增益值。具体应用参见 3.10.1 小节中的例子程序。

② 实际上还有一种离散化方法"imp"没有提到。imp 对应的离散化方法在 MATLAB R2017a 版本中，并不是直接对应 Z 变换方法，但是可以利用它来得到 Z 变换的结果。在 MATLAB R2007b 版本及其以前版本应用这个函数及其离散化方法时，得到的结果的确是脉冲响应不变结果，但是 MATLAB R2017a 版本的这个转换方法得到的结果与 MATLAB R2007b 版本得到的结果在分子上相差一个 T。

例如，对一阶系统 $G_1(s)=\dfrac{1}{s+1}$，二阶系统 $G_2(s)=\dfrac{1}{s^2+s+2}$，三阶系统 $G_3(s)=\dfrac{s+1}{s^3+s^2+2s+1}$。在不同的采样周期下，分别采用直接运用 c2dm 的 imp 方法离散、运用 c2dm 的 imp 方法离散后除以 T 两种方法处理，然后绘制出相应的脉冲响应曲线，可以得到如图 3.1 和图 3.2 所示的脉冲响应结果曲线。

从图 3.1 和图 3.2 可以看出，直接运用 c2dm 的 imp 方法离散得到的结果（对应图中 * 表示的点），与连续系统的脉冲响应结果在采样时刻并不重合，因此不能对应于 Z 变换的物理意义。运用 c2dm 的 imp 方法离散后除以 T 的处理方法（得到的分母多项式不变，分子多项式系数均除以 T），其结果（对应图中 o 表示的点），与连续系统的脉冲响应结果在采样时刻完全重合。

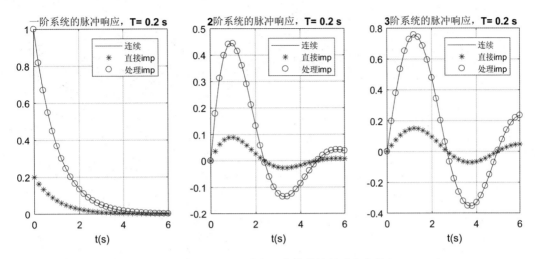

图 3.1　连续系统利用 c2dm 进行 z 变换的结果对应曲线(T＝0.2 s)

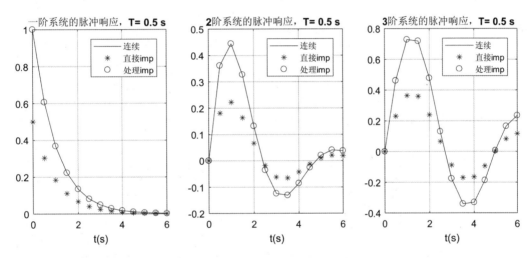

图 3.2　连续系统利用 c2dm 进行 Z 变换的结果对应曲线(T＝0.5 s)

例如,已知连续系统描述:

```
a=[2 3 1 0;-1 4 3 1;0 1 5 9;2 4 -3 -1];
b=[1 0 2 4]';
c=[4 8 1 3];
d=[2];
[z,p,k]=ss2zp(a,b,c,d);        %变为零极点形式
```

若选用双线性变换法

```
[ad,bd,cd,dd]=c2dm(a,b,c,d,0.1,'tustin')        %T=0.1,Tustin 变换
```

则输出结果为

```
ad =
    1.2096    0.4563    0.2157    0.1142
   -0.1087    1.5862    0.4471    0.3147
    0.0982    0.4551    1.5420    1.1111
```

```
        0.1757      0.4711    - 0.2574      0.8169
bd =
        1.5489
        1.0222
        4.8133
        3.4641
cd =
        0.4297      1.2192      0.3105      0.4768
dd =
        3.4789
```

3. c2dt

完成带有输入纯时间延迟的连续系统到离散系统的转换,基本用法为

$[Ad,Bd,Cd,Dd]$ = c2dt(A,B,C,T,d)

其中 T 为采样周期,d 为输入延迟时间,连续系统形式如下:

$$\begin{cases} \dot{x}(t) = Ax(t) + Bu(t) \\ y(t) = Cx(t) \end{cases}$$

转化后的离散系统:

$$\begin{cases} x(n+1) = Ad \cdot x(n) + Bd \cdot u(n) \\ y(n) = Cd \cdot x(n) + Dd \cdot u(n) \end{cases}$$

从离散系统到连续系统的转换函数的使用方法和上面基本相同。线性系统的描述与转换可以用图 3.3 来表示。

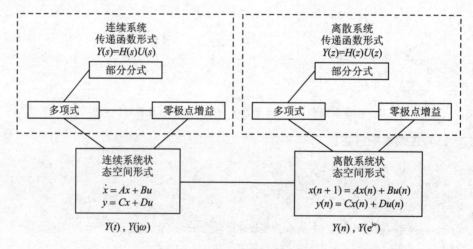

图 3.3 线性系统的描述与转换

3.4 时间响应分析

控制系统工具箱提供了丰富的、用于对控制系统时间响应进行分析的工具函数,既可以对连续系统进行时间响应分析,又可对离散系统进行时间响应分析,支持用传递函数或者状态空

间表示的系统模型。

对于一个动力学系统来说,系统的数学模型实际上是某种微分方程或差分方程,因而在仿真过程中需要以某种数值算法从给定的初始值出发,逐步计算每一个时刻系统的响应,即系统的时间响应序列,并绘制出系统的响应曲线,由此来分析系统的动态性能与特性。时间响应主要是研究系统对多种输入信号和初值、外部扰动在时间域内的瞬态和稳态行为。系统的特征(如上升时间、过渡过程时间、超调量以及稳态误差等)都能从时间响应上反映出来,从而可以评估系统的动态、稳态品质,为系统设计提供依据。

对控制系统时域品质进行分析时经常要用到的一些函数如表 3.3 所列。

表 3.3 时间响应函数及说明

函数名称	说 明
covar	连续系统对白噪声的方差响应
dcovar	离散系统对白噪声的方差响应
impulse	连续系统的脉冲响应
dimpulse	离散系统的脉冲响应
initial	连续系统的初始条件响应
dinitial	离散系统的初始条件响应
lsim	连续系统对任意输入的响应
dlsim	离散系统对任意输入的响应
step	连续系统的单位阶跃响应
dstep	离散系统的单位阶跃响应
filter	数字滤波器

利用上述指令函数,可以很方便地对系统的阶跃响应、脉冲响应、初值响应等进行仿真和分析。这些函数大多数能够自动产生时间响应曲线,为实际应用提供了很大的便利。下面对一些主要的时间响应函数应用进行简要的分析和说明。

3.4.1 脉冲响应

1. impulse

impulse 指令给出连续系统的单位脉冲响应。

线性系统的时间响应过程特征不随输入幅值变化,因此,它的单位脉冲、单位阶跃响应对于任意幅值的输入,其过程都是相同的。

用法 1:y＝impulse(A,B,C,D,iu,T)

对于用状态空间描述的线性系统

$$\begin{cases} \dot{x} = Ax + Bu \\ y = Cx + Du \end{cases}$$

调用 MATLAB 命令函数 y＝impulse(A,B,C,D,iu,T),可以求解系统对第 iu 个输入的脉冲响应。其中 T 为等间隔的时间向量,指明要计算响应的时间点,y 的列数与输出的个数相同,

每列对应一个输出。例如,对于下列程序:

```
a = [0 1 0;0 0 1;0 - 12 - 7];
b = [0 0 1]';
c = [2 3 1];
d = [0];
T = 0;0.1;3;                    % 设置时间范围
y = impulse(a,b,c,d,1,T);       % 求对于第一个输入的脉冲响应
plot(T,y);grid
```

输出的脉冲响应曲线如图 3.4 所示。

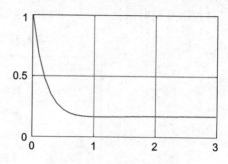

用法 2:$[y,x] = impulse(A,B,C,D,iu,T)$

若脉冲响应函数 impulse 的输出为二元变量的形式,则除了返回系统的脉冲响应 y 以外,还将返回状态 x 的变化过程。

用法 3:$y = impulse(num,den,T)$

采用该形式,可以对用传递函数描述的线性系统的脉冲响应进行计算。例如,对于上述例题,将其转换成传递函数形式,再计算其脉冲响应,使用下面的指令:

图 3.4   连续脉冲响应曲线

```
[num,den] = ss2tf(a,b,c,d);
y = impulse(num,den,T);
```

其输出结果将和上面用状态空间描述的系统脉冲响应完全一样。

2. dimpulse

dimpulse 指令为离散系统的脉冲响应指令。

用法 1:$y = dimpulse(A,B,C,D,iu,nu)$

用于求解离散系统:

$$\begin{cases} x(n+1) = Ax(n) + Bu(n) \\ y(n) = Cx(n) + Du(n) \end{cases}$$

对第 iu 个输入的脉冲响应。其中整数 nu 为要计算的脉冲响应的点数,y 的列数与输出的个数相同,每列对应一个输出。例如,对于离散线性系统:

$$\begin{cases} \begin{bmatrix} x_1(k+1) \\ x_2(k+1) \end{bmatrix} = \begin{bmatrix} 0.2 & 0 \\ 0 & 0.85 \end{bmatrix} \begin{bmatrix} x_1(k) \\ x_2(k) \end{bmatrix} + \begin{bmatrix} 1 \\ 1 \end{bmatrix} u(k) \\ y(k) = \begin{bmatrix} 1 & -4 \end{bmatrix} \begin{bmatrix} x_1(k) \\ x_2(k) \end{bmatrix} + u(k) \end{cases}$$

要求该系统的脉冲响应,可以输入下列程序:

```
a = [0.2 0;0 0.85];
b = [1 1]';
c = [1 - 4];
d = 1;
y = dimpulse(a,b,c,d,1,50);
```

```
plot(y)
xlabel('采样序列 n')
ylabel('脉冲响应 y')
grid
```

输出脉冲响应曲线如图 3.5 所示。

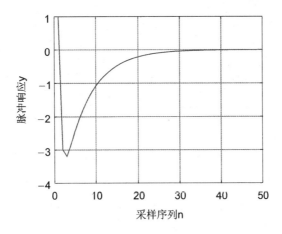

图 3.5　离散系统的脉冲响应曲线

用法 2：$[y,x]=dimpulse(A,B,C,D,iu,nu)$

若需要同时得到系统的脉冲响应和状态的变化过程,则可以采用上面的二元输出的调用形式。

用法 3：$y=dimpulse(num,den,nu)$

主要用来计算用传递函数形式描述的离散系统脉冲响应。

3.4.2　对任意输入的响应

1. lsim

lsim 指令给出连续系统对任意输入的响应。

用法 1：$y=lsim(A,B,C,D,U,T)$

主要用来计算系统(A,B,C,D)对于输入序列 U 的响应,矩阵 U 的每一列对应一个输入,每一行对应一个新的时间点,其行数与 T 的长度相同。例如,对于下列程序:

```
a=[0 1 0;0 0 1;0 -12 -7];          % 定义系统矩阵
b=[0 0 1]';
c=[2 3 1];
d=[0];
t=0:0.1:10;                        % 定义时间范围
u=sin(t);                          % 定义输入函数
y=lsim(a,b,c,d,u,t);               % 解时间响应
plot(t,y,'k-',t,u,'k--')           % 绘图,输入用虚线,输出实线
xlabel('t')
ylabel('u,y')
gtext('— 输出 y')                  % 可用鼠标写变量名
gtext('... 输入 u')
```

　　输出结果如图 3.6 所示,其中实线表示系统输出,虚线表示系统输入。

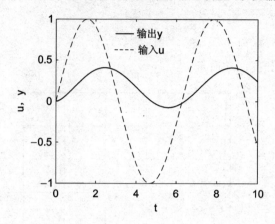

图 3.6　系统对正弦信号的响应曲线

　　用法 2:$[y, x] = \mathrm{lsim}\,(A, B, C, D, U, T)$

　　除了返回系统对输入 U 的响应 y 以外,还同时返回状态 x 的变化过程,以便观测和监视系统状态量的响应过程。

　　用法 3:$y = \mathrm{lsim}(num, den, U, T)$

　　主要用来计算用传递函数描述的系统对任意输入 U 的响应。例如,对于上述用状态空间描述的线性系统,先将其转换成传递函数形式,再计算其响应

```
[num,den] = ss2tf(a,b,c,d);
y = lsim(num,den,u,t);
```

其输出结果将和上面用状态空间描述的系统响应完全一样。

2. dlsim

　　dlsim 指令计算离散系统对任意输入的响应。

　　用法 1:$y = \mathrm{dlism}(A,B,C,D,U)$

　　主要用来计算离散系统:

$$\begin{cases} x(n+1) = Ax(n) + Bu(n) \\ y(n) = Cx(n) + Du(n) \end{cases}$$

对任意输入序列 U 的响应。其中矩阵 U 的每一列对应一个输入序列,每一行对应一个新时间点,y 的每一列为一个输出。

　　用法 2:$[y, x] = \mathrm{dlsim}\,(A, B, C, D, U)$

　　除了返回离散系统对输入 U 的响应 y 以外,还同时返回状态 x 的变化过程,以便观测和监视系统的内在行为。

　　用法 3:$y = \mathrm{dlsim}\,(num, den, U)$

　　主要用来计算用传递函数描述的离散系统对任意输入 U 的响应。例如,要计算离散系统:

$$H(z) = \frac{2 + 5z^{-1} + z^{-2}}{1 + 2z^{-1} + 3z^{-2}}$$

对 100 个随机噪声的响应,可键入以下程序:

```
num = [2 5 1];
den = [1 2 3];
u = randn(100,1);
y = dlsim(num,den,u);
plot(y)
title('白噪声响应')
xlabel('时间点 n')
```

该程序的输出结果如图 3.7 所示。

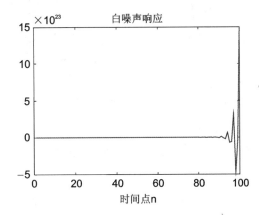

图 3.7　离散系统对随机噪声的响应曲线

3.4.3　阶跃响应

1. step

step 指令计算连续系统的单位阶跃响应。

用法 1: y=step(A,B,C,D,iu,T)

对于用状态空间描述的线性系统:

$$\begin{cases} \dot{x} = Ax + Bu \\ y = Cx + Du \end{cases}$$

调用 MATLAB 命令函数

```
y = step(A,B,C,D,iu,T)
```

可以求解系统对第 iu 个输入的阶跃响应。其中 T 为等间隔的时间向量,指明要计算响应的时间点,y 的列数与输出的个数相同,每列对应一个输出。例如,对于下列程序:

```
a = [0 1 0;0 0 1;-6 -11 -6];
b = [0 11 -60]';
c = [1 0 0];
d = [0];
t = 0:0.1:10;
y = step(a,b,c,d,1,t);
plot(t,y,'k-')
```

```
xlabel('时间 t')
ylabel('阶跃响应 y')
```

输出的单位阶跃响应曲线如图 3.8 所示。

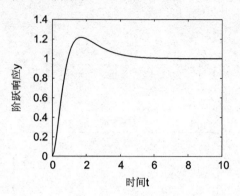

图 3.8 连续系统的单位阶跃响应曲线

用法 2：$[y,x] = \text{step}(A,B,C,D,iu,T)$

除了返回系统的单位阶跃响应 y 以外，还同时返回状态 x 的变化过程。

2. dstep

dstep 指令计算离散系统的单位阶跃响应。

其函数的基本用法可参照 dimpulse。另外，还有一些其他的控制系统时域分析函数可通过在线帮助来了解其用法。

3.5　频率响应分析

单输入/单输出系统的频率响应是古典控制理论的一个重要组成部分，其基本原理是：当一个线性系统受到频率为 ω 的正弦信号激励时，其输出仍然是正弦信号，而且其输出的幅值和相角的大小取决于系统传递函数的幅值和相角。一个线性系统的频率响应主要研究系统的频率行为，即具有一定频带的激励信号的响应幅值衰减和相角延迟特性，从而看出系统对输入信号的适应范围。从频率响应中还可以得到闭环系统的带宽、稳态增益、转折频率、幅值和相角稳定裕度等系统特征。

求取频率特性时，线性系统的数学描述可以是如下状态方程形式或传递函数形式：

$$\begin{cases} \dot{x} = Ax + Bu \\ y = Cx + Du \end{cases}$$

或如下传递函数形式：

$$G(s) = C(sI - A)^{-1}B + D$$

频率特性分析主要针对传递函数形式，如果系统是多输入/多输出的状态方程描述，应当指定输入/输出的位置。连续系统频率特性可以是 bode 图、nichols 图或 nyquist 图。在 MATLAB 中，相角一般用度表示，幅值可以直接表示或用分贝值（20log(mag)）表示。

MATLAB 控制工具箱提供了很多用于频率特性分析的函数和工具。这些函数形式和说明见表 3.4。

表 3.4　频率响应函数及说明

函　数	说　明
bode	连续系统伯德图
dbode	离散系统伯德图
fbode	连续系统快速伯德图
freqs	拉普拉斯变换
nichols	连续系统的尼柯尔斯曲线
dnichols	离散系统的尼柯尔斯曲线
nyquist	连续系统的奈奎斯特图
dnyquist	离散系统的奈奎斯特图
sigma	连续奇异值频率图
dsigma	离散奇异值频率图
margin	增益裕度和相角裕度及对应的转折频率
ngrid	尼柯尔斯方格图

3.5.1　连续系统频率特性

例如,已知

$$G(s) = \frac{1}{s^2 + s + 1}$$

可以利用下面的命令画出该传递函数的频率特性:

```
num = [1]; den = [1 1];          % 定义系统传递函数
w = logspace( - 1,2);            % 在对数空间定义频率 ω
```

定义了系统模型和频率范围之后,可以进行频率响应分析。

1. bode 图

函数 bode 将传递函数的幅值和相角分别绘制在两张图上。可以分别采用下面的指令:
bode(SYS),bode(SYS,W)　或　[MAG,PHASE] = bode(SYS,W)

命令 1 可以直接绘出 bode 图,频率范围自动选择;命令 2 需要用户给定频率范围和计算频率响应的步长,根据用户给定的频率范围绘制 bode 图;命令 3 同时给出频率响应的幅值和相角的数值。命令中的 SYS 可以是(tf),(num,den),(a,b,c,d),(z,p,k)等各种描述形式。

用法 1:bode(num,den,w)

```
num = [1];den = [1 1 1];
bode(num,den);grid
```

可以直接得到图 3.9 的 bode 图。

用法 2:用下面的一系列命令:

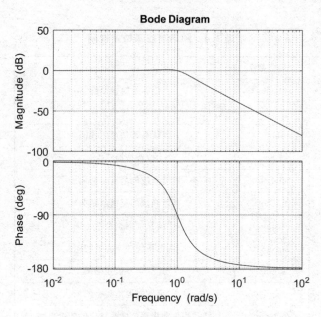

图 3.9　连续系统的频率响应 bode 图(1)

```
w = logspace( - 1,2);
[m,p] = bode(num,den,w);                        % 得到幅值和相角
subplot(2,1,1),semilogx(w,20 * log10(m))        % 在对数坐标上绘出分贝值
grid                                            % 加入网格
subplot(2,1,2),semilogx(w,p)                    % 在对数坐标上绘出相角
grid
```

得到的 bode 图见图 3.10,它与图 3.9 一致,同时可以得到幅值和相角数据。

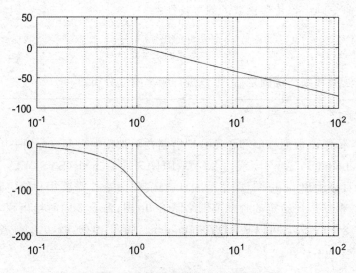

图 3.10　连续系统的 bode 图(2)

与之相关的函数命令 margin 可以从频率响应数据中计算得到系统的增益裕度、相角裕度以及相应的交叉频率。注意:增益裕度和相角裕度是针对开环 SISO 系统而言的,其指示当系

统闭环时的相对稳定性。

执行如下指令：

```
num = [1]; den = [1 5 8 6 0];
margin(num,den); grid
```

可以得到图 3.11 所示的连续系统的幅值裕度和相角裕度图。

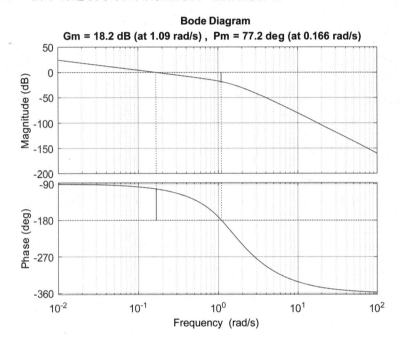

图 3.11　连续系统的幅值裕度和相角裕度图

执行如下带返回值的指令：

```
[Gm,Pm,Wcg,Wcp] = margin(num,den);
```

运行结果为

```
Gm =
     8.1541
Pm =
    77.2480
Wcg =
     1.0950
Wcp =
     0.1664
```

其中，Gm＝8.154 1 为系统的增益裕度值，Wcg＝1.095 0 rad/s 为其相应的交叉频率；Pm＝77.248 0 为系统的相角裕度，Wcp＝0.166 4 rad/s 为其相应的交叉频率。

2. nichols 图

函数 nichols 将各频率点上的对数幅值和相角在一张图上绘出，横轴为对数相频特性的相角，纵轴为对数幅频特性的分贝值。nichols 曲线也称为对数幅相频率特性曲线。

绘制 nichols 图的命令包括下面几种：

nichols(SYS),nichols(SYS,W)　或　[MAG,PHASE] = nichols(SYS,W)

命令1可以直接绘出 nichols 图,频率范围自动选择;命令2需要用户给定频率范围和计算频率响应的步长,根据用户给定的频率范围绘制 nichols 图;命令3同时给出频率响应的幅值和相角的数值。命令中的 SYS 可以是(tf),(num,den),(a,b,c,d),(z,p,k)等各种描述形式。

利用命令：

```
num = [1];den = [1 1 1];
nichols(num,den,{1/57.3,100/57.3})        % 设置频率范围为 1/57.3~100/57.3
```

可以得到系统的 nichols 图,如图 3.12(a)所示。由于没有给出绘制的频率特性的幅值是否用分贝值,该命令自动采用了分贝值。如果在上述命令后面再加入

```
grid
```

则程序自动给出 nichols 全局图,如图 3.12(b)所示。

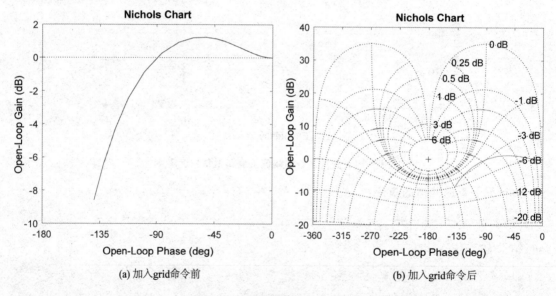

(a) 加入grid命令前　　　　　　　　(b) 加入grid命令后

图 3.12　连续系统的 nichols 图(1)

也可以利用命令：

```
[mm,pp,w] = nichols(num,den,{1/57.3,100/57.3});    % 得到幅值和相角
plot(pp,mm)                                          % 直接绘制幅值和相角
grid
```

得到同样的 nichols 图(见图 3.13),并得到幅值和相角。但该图中的幅值没有取分贝值,并且不能得到 nichols 全局图。

3. nyquist 图

函数 nyquist 将频率特性的幅值和相角绘在一张图上,横轴为相角,纵轴为幅值。nyquist

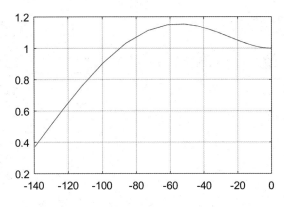

图 3.13　连续系统的 nichols 图(2)

图也称为幅相频率特性曲线。

命令形式包括：

nyquist(SYS),nyquist(SYS,W)　或　[RE,IM] = nyquist(SYS,W)等

命令 1 可以直接绘出 nyquist 图,频率范围自动选择；命令 2 需要用户给定频率范围和计算频率响应的步长,根据用户给定的频率范围绘制 nyquist 图；命令 3 同时给出频率响应的实部和虚部的数值。命令中的 SYS 可以是(tf),(num,den),(a,b,c,d),(z,p,k)等各种描述形式。

利用命令：

```
nyquist(num,den,{1/57.3,100/57.3})
```

可以得到系统的 nyquist 图,如图 3.14(a)所示。

如果在上述命令后面再加入

```
grid
```

则程序自动给出 nyquist 图,如图 3.14(b)所示。

也可以利用命令：

```
[mm,pp,ww] = nyquist(num,den,{1/57.3,100/57.3});
```

得到实部和虚部。如果需要与图 3.14 一致,则可将实部和虚部改为幅值和相角。

得到频率特性后,还可以利用命令：

```
[g,p,wc,wp] = margin(num,den)
```

得到系统的幅值和相角稳定裕度。结果如下：

```
g =
    Inf
p =
    90
wc =
    Inf
wp =
    1.0000
```

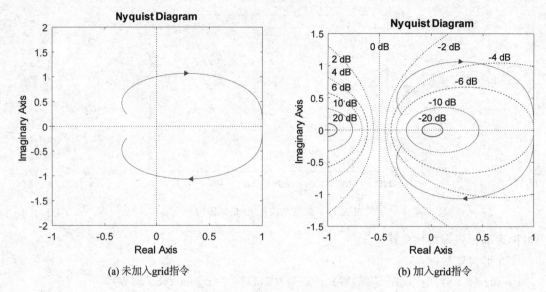

(a) 未加入grid指令　　　　　　　　(b) 加入grid指令

图 3.14　连续系统的 nyquist 图

结果表明,该系统幅值稳定裕度为无穷大,不存在相角穿越$-180°$的频率点。在 $\omega=1$ 处,幅值为 1,相稳定裕度为 $90°$。

上述指令都适用于系统用状态方程描述的形式。

3.5.2　离散系统频率特性

对于离散系统的频率特性,命令的方式相同,命令前全部加 d,与连续系统频率特性相区别。注意:应当给出离散状态方程或脉冲传递函数的分子、分母多项式,并加入采样周期。

离散系统的频率特性描述为

$$G(e^{j\omega T}) = G(z)\Big|_{z=e^{j\omega T}}$$

式中 T 为采样周期。它描述了离散系统频率特性当采样周期 T 为常值时,其幅值和相角都是 ω 的周期函数,当 $\omega T=2k\pi,k=0,1,2,\cdots$ 时,重复出现前一个 ω 的幅值和相角。

例如,对于上例系统,首先进行系统离散化:

```
[numd,dend] = c2dm(num,den,0.1,'tustin')    % 用 tustin 方法离散,采样周期 0.1 s
```

得到离散系统的分子、分母多项式:

```
numd =
    0.0024      0.0048      0.0024
dend =
    1.0000     -1.8955      0.9050
```

采用下述命令,可以得到离散系统的频率特性:

```
w = logspace( - 1,3);
dbode(numd,dend,0.1,w)
grid
```

得到的离散系统 bode 图如图 3.15 所示。

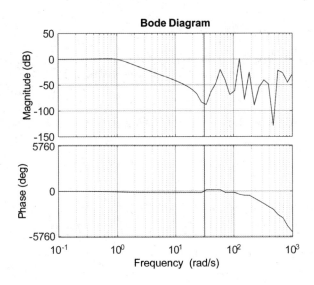

图 3.15　离散系统 bode 图

　　离散系统 bode 图显示出离散系统频率特性的周期性,幅值和相角都在高频段出现反复折线。

　　同样,可以得到离散系统的 nyquist 曲线:

```
dnyquist(numd,dend,0.1)
grid
```

得到的离散系统 nyquist 图如图 3.16 所示。

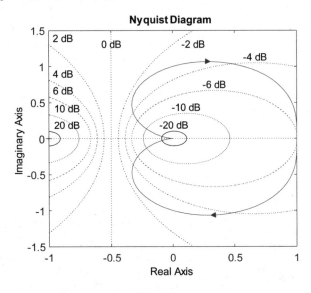

图 3.16　离散系统 nyquist 图

　　由于幅值和相角有周期性,因此高频段的点与低频段特性在图中重叠在一起了。
　　其他离散系统的频率特性命令调用方法相同,这里不再赘述。

3.5.3　时间延迟系统的频率特性

带有时间延迟的连续系统传递函数表示为

$$G(s) = \frac{b_1 s^m + b_2 s^{m-1} + \cdots + b_{m+1}}{a_1 s^n + a_2 s^{n-1} + \cdots + a_n s + a_{n+1}} e^{-Ts} = \overline{G}(s) e^{-Ts}$$

式中,T 为延迟时间常数。带有时间延迟的系统可以看作一个通常的传递函数后面串接一个纯时间延迟环节 e^{-Ts}。带有时间延迟的系统状态方程表示为

$$\begin{cases} \dot{x}(t) = Ax(t) + Bu(t-T) \\ y(t) = Cx(t) + Du(t-T) \end{cases}$$

其中,A、B、C、D 矩阵与不含延迟环节的系统矩阵相同。

从频率特性定义可知 $e^{-Ts} = e^{-j\omega T}$,所以,纯延迟环节的幅频特性与通常传递函数 $\overline{G}(s)$ 的幅频特性一致,相频特性等于 $\overline{G}(s)$ 的相角减去 $T\omega$,即

$$|G(j\omega)| = |\overline{G}(j\omega)|, \quad \angle G(j\omega) = \angle \overline{G}(j\omega) - T\omega$$

在 MATLAB 中,纯时间延迟环节 e^{-Ts} 采用法国数学家 Padé 的有理近似方法,其表达式为

$$e^{-Ts} \approx \frac{1 - Ts/2 + p_1(Ts)^2 - p_2(Ts)^3 + p_3(Ts)^4 - p_4(Ts)^5 + p_5(Ts)^6 - \cdots}{1 + Ts/2 + p_1(Ts)^2 + p_2(Ts)^3 + p_3(Ts)^4 + p_4(Ts)^5 + p_5(Ts)^6 + \cdots}$$

式中,系数 $p_1 \sim p_6$ 根据阶数的不同,分别取不同的数值,相当于幂级数展开方式,这里不再列出系数取值。

MATLAB 控制工具箱提供了函数 Pade( ),计算 Padé 近似系数,调用格式如下:

$$[\text{num}, \text{den}] = \text{pade}(T, n) \quad \text{或} \quad [A, B, C, D] = \text{pade}(T, n)$$

式中,T 为延迟时间常数,n 为要求拟合的阶数。该函数返回 Padé 近似的传递函数模型 num、den 或等价的状态方程模型 (A, B, C, D)。

例如,考虑系统

$$G(s) = \frac{1}{s+1} e^{-Ts} = \overline{G}(s) e^{-Ts}$$

带有延迟环节 T=0.1。通过下面的一系列命令,可以得到其频率特性,并与不带延迟环节的频率特性相比较:

```
num = [1];den = [1 1];
w = logspace(-1,2);t = 0.1;
[m1,p1] = bode(num,den,w);              % 无延迟系统频率特性
[n2,d2] = pade(t,4);                    % 取 Padé 函数的 4 阶近似,分子分母系数为 n2,d2
numt = conv(n2,num);dent = conv(d2,den);  % 综合无延迟与延迟环节为传函 numt,dent
[m2,p2] = bode(numt,dent,w);            % 计算带延迟环节的系统频率特性
subplot(211);semilogx(w,20 * log10(m1),'k + ',w,20 * log10(m2),'b')
% 幅频特性比较
subplot(212);semilogx(w,p1,'k + ',w,p2,'b')% 相频特性比较
```

得到的频率特性如图 3.17 所示。

图 3.17 中,用+号表示无延迟系统特性。很明显,无延迟系统与加入延迟环节系统的幅频特性一致;相频特性在高频段有较大差异,显示出延迟环节对其有较大影响。

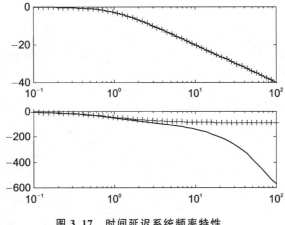

图 3.17　时间延迟系统频率特性

3.6　根轨迹分析

除了频率响应分析之外,另一种常用的线性系统分析方法是 s 平面的根轨迹分析。根轨迹是指系统闭环极点随增益增加的变化趋势。通过根轨迹分析,可以了解系统模态的单调或振荡特性、稳定区域、临界稳定增益以及极点的终极走向等。根轨迹方法同时用于系统闭环设计,在传统的单输入/单输出(SISO)系统设计中与频率域设计并列成为重要的设计方法。在多变量系统设计中也得到应用。

根轨迹分析的调用命令 rlocus 有以下几种运用方式:

rlocus(sys)——只绘出根轨迹图;

[r,k]=rlocus(sys)——返回增益及其对应的复极点;

[r]=rlocus(sys,k)——返回与给定增益对应的复极点。

计算给定根的根轨迹增益的命令为 rlocfind。该命令既适用于连续系统,也适用于离散系统。

[k,poles]=rlocfind(sys),在对象 sys 的根轨迹中显示十字光标,当用户选择根轨迹中的一点时,其相应的增益将记录到 k 中,与该增益相关的所有极点记录在 poles 中。

与根轨迹绘图相关的两个命令为 sgrid 和 zgrid。

命令 sgrid 绘制连续系统根轨迹和零极点图中的阻尼系数和自然频率栅格。栅格线由等阻尼系数和等自然频率线构成,阻尼系数步长为 0.1,范围从 0 到 1。自然频率步长为 1 rad/s,范围从 0 到 10。绘制前,当前窗口必须包含连续系统的 z 平面根轨迹或者零极点图。sgrid(z,wn)只绘制阻尼系数向量 z 和自然频率向量 wn。

命令 zgrid 绘制离散系统根轨迹和零极点图中的阻尼系数和自然频率栅格。栅格线由等阻尼系数和等自然频率线构成,阻尼系数步长为 0.1,范围从 0 到 1。自然频率步长为 $\pi/10$,范围从 0 到 π。绘制前,当前窗口必须包含离散系统的 s 平面根轨迹或者零极点图。zgrid(z,wn)只绘制阻尼系数向量 z 和自然频率向量 wn。

3.6.1　常规根轨迹

例如,绘制开环传递函数:

$$G(s)=\frac{K}{s(s+3)(s^2+2s+2)}=\frac{K}{s^4+5s^3+8s^2+6s}$$

的根轨迹。键入以下命令:

```
num = [1]; den = [1 5 8 6 0];
rlocus(num,den)
```

得到根轨迹图如图 3.18,图中垂直虚线为 s 平面虚轴。

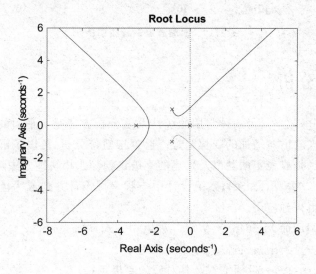

图 3.18　线性系统的根轨迹

利用命令:

```
sys = tf(num,den);
[r,k] = rlocus(sys)
```

可以得到增益和极点数组,通过查询可知,当 $k=8.16$ 时,系统为临界稳定。这时,有一对极点为

```
 - 0.0000 + 1.0954i
 - 0.0000 - 1.0954i
```

在这一点上,根轨迹即将进入不稳定区域。另外,两个极点随 k 的增大趋于负无穷远。

3.6.2　广义根轨迹

除了增益以外,要了解系统其他参数变化时的根轨迹,如系统某零点变化、或某极点变化时的根轨迹,可以利用广义根轨迹概念。该方法是将变化的参数放到增益所处的位置,从而定义系统的等效传递函数,然后按照常规方式绘制根轨迹。

1. 开环零点变化的根轨迹

例如,求下面系统随开环零点参数 T_a 变化的根轨迹:

给定开环传递函数

$$G(s) = \frac{5(1 + T_a s)}{s(5s + 1)}$$

系统闭环传递函数为

$$\varphi(s) = \frac{G(s)}{1 + G(s)} = \frac{5(1 + T_a s)}{s(5s + 1) + 5(1 + T_a s)}$$

得到闭环特征方程

$$\Delta(s) = 5s^2 + s + 5 + 5T_a s = 0$$

将该方程两边除以 5,经过适当合并,可以得到等效闭环特征方程:

$$1 + \overline{G}(s) = 1 + T_a \frac{s}{s^2 + 0.2s + 1} = 0$$

按照 $\overline{G}(s)$ 确定等效开环零、极点位置,可以绘出其根轨迹。

键入以下命令:

```
num = [1 0];den = [1 0.2 1];
rlocus(num,den)
grid
```

得到广义根轨迹如图 3.19 所示。随着 T_a 增加,系统极点由复数趋于实数,振荡性下降。此时,等效系统的零点仍应为原系统零点。

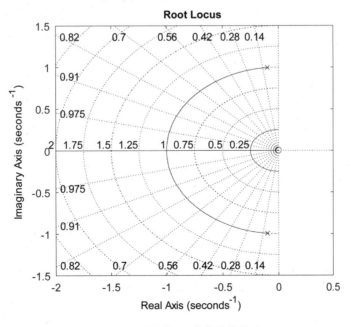

图 3.19　系统随 T_a 变化的根轨迹

2. 开环极点变化的根轨迹

开环极点变化的根轨迹与开环零点变化的根轨迹绘制方法相同。例如,求下面系统随开环极点参数 p_1 变化的根轨迹:

给定开环传递函数

$$G(s) = \frac{1}{s(s+2)(s+p_1)}$$

系统闭环传递函数为

$$\varphi(s) = \frac{G(s)}{1+G(s)} = \frac{1}{s(s+2)(s+p_1)+1}$$

得到闭环特征方程

$$\Delta(s) = s^3 + 2s^2 + p_1(s^2 + 2s) + 1 = 0$$

将该方程经过适当合并,可以得到等效闭环特征方程:

$$1 + \overline{G}(s) = 1 + p_1 \frac{s^2 + 2s}{s^3 + 2s^2 + 1} = 0$$

按照 $\overline{G}(s)$ 确定等效开环零、极点位置,可以绘出其根轨迹。

键入命令

```
num = [1 2 0];den = [1 2 0 1];
rlocus(num,den)
```

得到系统随极点 p_1 变化的根轨迹,如图 3.20 所示。

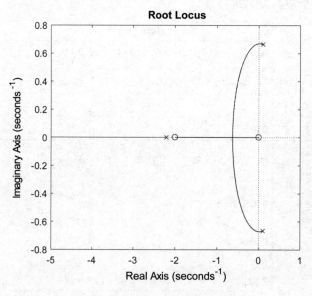

图 3.20   系统随 p_1 变化的根轨迹

3.6.3 零度根轨迹

对于非最小相角系统,如含有正反馈环节的系统,有时不能采用常规方法绘制根轨迹。这时,其相角遵循 $0°+2k\pi$ 条件,而不是 $180°+2k\pi$ 条件,所以称之为零度根轨迹。一个正反馈系统的闭环传递函数为

$$\frac{C(s)}{R(s)} = \frac{G(s)}{1-G(s)}$$

其分母多项式与负反馈系统不同,在 $G(s)$ 前取负号。因此,在绘制根轨迹时,取分子多项式的负值即可以了。

例如,正反馈系统开环传递函数

$$G(s) = \frac{K(s+2)}{(s+3)(s^2+2s+2)}$$

键入以下命令:

```
num = [-1 -2];              %取负值实现正反馈
a = [1 3];b = [1 2 2];
den = [conv(a,b)];
rlocus(num,den)
```

得到零度根轨迹如图 3.21 所示。显然,一对复极点趋于开环零点和正无穷远;实极点趋于负无穷远。

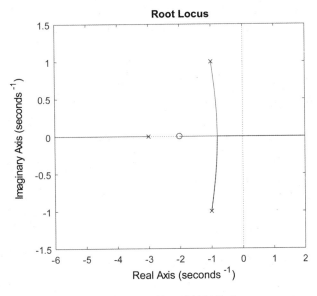

图 3.21　正反馈系统的根轨迹

3.7　状态反馈设计

线性系统的现代控制理论的基本设计方法是状态反馈设计。线性系统模型为

$$\begin{cases} \dot{x}(t) = Ax(t) + Bu(t) \\ y(t) = Cx(t) \end{cases} \qquad x \in \mathbf{R}^n, u \in \mathbf{R}^m, y \in \mathbf{R}^p$$

式中,A、B、C 为相应维数的常值矩阵。线性系统的经典设计是利用以下状态反馈:

$$u(t) = -Kx(t) + r(t)$$

式中,K 为状态反馈矩阵,$r(t)$ 为外输入。状态反馈使得系统闭环方程为

$$\dot{x}(t) = (A - BK)x(t) + Br(t)$$

可以证明,若系统矩阵 (A,B) 可控,则通过上述状态反馈,系统是稳定的,同时可以任意配置系统的闭环极点。

3.7.1 连续系统的状态反馈设计

1. 单输入系统的极点配置

单输入系统模型为

$$\dot{x}(t) = Ax(t) + bu(t)$$

式中,b 为一维向量。设系统闭环的期望特征多项式为

$$\alpha_c(s) = \det[sI - (A - bK)] = s^n + \alpha_{c,1}s^{n-1} + \cdots + \alpha_{c,n-1}s + \alpha_{cn}$$

MATLAB 利用 Ackermann 公式计算状态反馈矩阵。若系统可控,则状态反馈矩阵为

$$K = [1, 0, \cdots 0, 0]W_R^{-1}\alpha_c(A)$$

式中,W_R 为系统可控阵,$W_R = \begin{bmatrix} A^{n-1}b & \cdots & Ab & b \end{bmatrix}$,$\alpha_c(A)$ 为系统闭环特征多项式矩阵,$\alpha_c(A) = \alpha_c(s)\big|_{s=A}$。

调用命令为

```
k = acker(A,B,p)
```

其中,A 和 B 为系统矩阵,p 为期望特征值数组。

例如,已知线性系统

$$\dot{x} = \begin{bmatrix} -1 & -2 & 1 \\ 1 & 0 & 1 \\ -1 & 0 & 1 \end{bmatrix} x + \begin{bmatrix} 1 \\ 1 \\ 1 \end{bmatrix} u$$

期望特征值:$p = (-1, -2, -3)$。

键入以下命令:

```
a = [-1 -2 1;1 0 1; -1 0 1]; b = [1;1;1];
p = [-1 -2 -3];
k = acker(a,b,p)          % 利用 Ackermann 公式计算反馈增益
```

结果得到状态反馈增益矩阵:

```
k =
    -0.5000    4.0000    2.5000
eig(a - b * k)         % 验证闭环特征值
ans =
    -1.0000
    -2.0000
    -3.0000
```

单输入系统对于给定极点的反馈矩阵是唯一的。注意:Ackermann 公式是利用系统可控阵求解状态反馈的,有时需要求解高阶矩阵的逆矩阵。因此,运算中可能存在一定的数值问题。一般高于 10 阶的系统,使用该方法可能会产生数值不稳定性。

2. 多输入系统的极点配置

对于多输入系统,MATLAB 利用 place 命令求解状态反馈矩阵。调用命令为 k＝place (A,B,p),参数的定义与 ackermann 公式的相同。对于多输入系统来说,仅仅给定期望极点,得到的状态反馈矩阵不唯一,即可能会得到多个反馈矩阵,虽然每一个都对应于相同的闭环特征值,但可能得到不同的闭环特性。因此,仅对其进行极点配置是无意义的。对于多输入系统,应当采用其他方法设计,如最优反馈设计、多变量系统设计等。这里,对于 place 命令不再举例说明。

3. 单输出系统的观测器设计

状态反馈的另一个应用是状态观测器设计。状态观测器的极点配置设计方法与系统状态反馈设计方法类似。如果下面的系统完全可观:

$$\begin{cases} \dot{x}(t) = Ax(t) \\ y(t) = Cx(t) \end{cases}$$

则可得到全阶观测器

$$\dot{\bar{x}}(t) = A\bar{x}(t) + Bu(t) + L[y(t) - C\bar{x}(t)] = (A - LC)\bar{x}(t) + Bu(t) + Ly(t)$$

令观测误差为 $\tilde{x}(t) = x(t) - \bar{x}(t)$,观测误差方程为 $\dot{\tilde{x}}(t) = (A - LC)\tilde{x}(t)$。可以看出,观测误差与 $(A - LC)$ 有关。也就是说,适当选择观测器反馈矩阵 L,可以改变观测器的极点,从而加快观测器的收敛速度,即加快了观测误差的收敛速度。

输出系统模型

$$\begin{cases} \dot{x}(t) = Ax(t) \\ y(t) = cx(t) \end{cases}$$

式中,c 为一维向量。设观测器的期望特征多项式为

$$\alpha_o(s) = \det[sI - (A - LC)] = s^n + \alpha_{o,1}s^{n-1} + \cdots + \alpha_{o,n-1}s + \alpha_{on}$$

利用 Ackermann 公式,可以选择观测器的状态反馈矩阵 L。若系统完全可观,其状态反馈矩阵为

$$L = \alpha_o(A)W_o^{-1}[0, 0, \cdots 0, 1]^T$$

式中,$\alpha_o(A)$ 为观测器特征多项式矩阵,W_o 为系统可观矩阵,其含义定义如下:

$$W_o = \begin{bmatrix} c \\ cA \\ \cdots \\ cA^{n-1} \end{bmatrix}$$

注意:观测器设计是状态反馈设计的转置。

例如,考虑系统

$$\dot{x} = \begin{bmatrix} -1 & -2 & 1 \\ 1 & 0 & 1 \\ -1 & 0 & 1 \end{bmatrix} x, \quad y(t) = (1\ 0\ 1)x(t)$$

期望的观测器特征值 $p = (-1, -2, -3)$。求观测器状态反馈矩阵 L。

键入命令

```
a = [-1 -2 1;1 0 1;-1 0 1];
c = [1 0 1];
p = [-1 -2 -3];
L = acker(a',c',p)            % 利用转置 a'、c' 求解 L' 矩阵
```

得到

```
L =
    -0.5000     2.5000     6.5000
```

实际的观测器反馈阵应为得到的 L 矩阵的转置。

```
eig(a - L' * c)          % 验证观测器闭环特征值
ans =
    -3.0000
    -2.0000
    -1.0000
```

多输出系统的观测器状态反馈设计与多输入系统的状态反馈设计问题相同,得到的反馈矩阵不唯一。这里不再详细讨论。

3.7.2　离散系统的状态反馈设计

离散系统模型

$$\begin{cases} x(k+1) = Fx(k) + Gu(k) \\ y(k) = Cx(k) \end{cases} \qquad x \in \mathbf{R}^n, u \in \mathbf{R}^m, y \in \mathbf{R}^p$$

式中,F、G、C 为相应维数常值矩阵。状态反馈 $u(k) = -Kx(k) + r(k)$,系统闭环方程为 $x(k+1) = (F-GK)x(k) + Br(k)$。若系统矩阵 (F,G) 可控,则通过状态反馈,可以任意配置系统闭环极点。离散系统极点配置设计与连续系统的区别是配置的闭环极点应当在 z 平面的单位圆内,即极点的模值小于 1。

单输入离散系统的极点配置问题与单输入连续系统的极点配置问题相同。单输入离散系统模型为

$$x(k+1) = Fx(k) + gu(k)$$

式中,g 为一维向量。如果给出离散系统的闭环期望特征多项式:

$$\alpha_c(z) = \det[zI - (F - gK)] = z^n + \alpha_{c,1}z^{n-1} + \cdots + \alpha_{c,n-1}z + \alpha_{cn}$$

则可以利用 Ackermann 公式选择状态反馈矩阵。调用命令与连续系统设计相同。

其他状态反馈设计,如离散多输入系统的极点配置问题、离散系统的观测器设计等都与上面叙述的问题相似。需要特别注意的是,离散系统的状态观测器有全状态的预测观测器和现今观测器、降维观测器几种。采用类似连续系统的 Ackermann 公式设计得到的观测器为全状态的预测观测器。如果需要计算得到离散系统的现今观测器、降维观测器,可以利用参考文献[7]的 6.4 节"状态观测器设计"中的公式,采用符号语言工具箱来获得,这里不再详述。

3.8　最优二次型设计

最优设计包括多种概念和设计方法,如最小二乘、单纯形法、动态规划等。这里只针对线

性定常系统,介绍无限时间的二次型指标的最优设计方法。

3.8.1 连续系统的最优二次型设计

连续线性系统为

$$\dot{x}(t) = Ax(t) + Bu(t)$$

二次型最优指标为

$$J = \int_0^\infty \left[x(t)^{\mathrm{T}} Q x(t) + u(t)^{\mathrm{T}} R u(t) \right] \mathrm{d}t$$

式中:$Q^{\mathrm{T}} = Q$,半正定;$R^{\mathrm{T}} = R$,正定。

根据最优控制理论,最优状态反馈矩阵:

$$u(t) = -R^{-1} B^{\mathrm{T}} P x(t) = -K x(t), \quad K = R^{-1} B^{\mathrm{T}} P$$

式中,K 为最优反馈矩阵,P 为下列代数 Riccati 方程的解。

$$PA + A^{\mathrm{T}} P + Q - PBR^{-1} B^{\mathrm{T}} P = 0$$

MATLAB 用 LQR 命令求解上述最优问题,包括解代数 Riccati 方程和最优反馈矩阵 K。命令格式:

```
[K,P,E] = lqr(A,B,Q,R)
```

式中,矩阵 A、B、Q、R 定义同上。K 为最优反馈阵,P 为 Riccati 方程的解,E 为闭环特征值。

例如,考虑系统和加权矩阵

$$G(s) = \frac{s+1}{s^2 - 2s + 3}, \quad Q = \begin{bmatrix} 10 & 0 \\ 0 & 5 \end{bmatrix}, \quad R = 1$$

求最优二次型解。

键入命令

```
num = [1 1]; den = [1 - 2 3];
[a,b,c,d] = tf2ss(num,den)        % 转换为状态方程形式
```

得到

```
a =
    2      - 3
    1       0
b =
    1
    0
c =
    1      1
d =
    0
eig(a)        % 系统开环特征值
ans =
    1.0000 + 1.4142i
    1.0000 - 1.4142i
```

键入以下命令进行最优设计:

```
q = [10 0;0 5];
r = 1;
[k,s,e] = lqr(a,b,q,r);
```

得到上述加权下的最优反馈增益和系统闭环特征值：

```
k =
      5.9349      0.7417
e =
    - 2.3268
    - 1.6080
```

可以看出，状态反馈使系统特征值变为两个收敛更快的实根。

3.8.2　离散系统的最优二次型设计

离散线性系统

$$x(k+1) = Fx(k) + Gu(k)$$

二次型最优指标定义为

$$J = \frac{1}{2} \sum_{k=0}^{\infty} \left[x^{\mathrm{T}}(k)Qx(k) + u^{\mathrm{T}}(k)Ru(k) \right]$$

式中，$Q^{\mathrm{T}} = Q$，半正定；$R^{\mathrm{T}} = R$，正定。

最优状态反馈矩阵：

$$u(k) = -Kx(k), \quad K = \left[G^{\mathrm{T}}PG + R^{-1} \right]^{-1} G^{\mathrm{T}}PF$$

式中，K 为最优反馈矩阵，P 为下列代数 Riccati 方程的解：

$$F^{\mathrm{T}}PF - P - F^{\mathrm{T}}PG(G^{\mathrm{T}}PG + R^{-1})G^{\mathrm{T}}PF + Q = 0$$

离散系统最优设计的命令形式与连续系统最优设计形式相同，命令为 dlqr。

3.8.3　对输出加权的最优二次型设计

在许多情况下，需要对输出量加权而不是对状态量加权。代价函数为

$$J = \int_{0}^{\infty} \left[y(t)^{\mathrm{T}}Qy(t) + u(t)^{\mathrm{T}}Ru(t) \right] \mathrm{d}t$$

MATLAB 利用 lqry 命令解相应的 Riccati 方程和最优反馈增益。lqry 命令还可以求解离散系统的输出反馈最优增益。

3.8.4　线性二次型 Gauss 最优设计

如果系统存在随机扰动，则一般二次型 LQR 问题变为线性二次型 Gauss(简称 LQG 问题)。系统方程为

$$\dot{x}(t) = Ax(t) + Bu(t) + \Gamma\omega(t), \quad y(t) = Cx(t) + \nu(t)$$

式中，$\omega(t)$ 和 $\nu(t)$ 均为互不相关的随机白噪声信号，是对状态量和输出量的随机扰动。它们的协方差矩阵分别定义为

$$\mathrm{E}\left[\omega(t)\omega^{\mathrm{T}}(t)\right] = W \geqslant 0, \quad \mathrm{E}\left[\nu(t)\nu^{\mathrm{T}}(t)\right] = V > 0$$

且为零均值 Gauss 随机过程。二次型最优代价函数为

$$J = \mathrm{E} \left\{ \int_0^\infty \left[x^{\mathrm{T}}(t), u^{\mathrm{T}}(t) \right] \begin{bmatrix} Q, N \\ N^{\mathrm{T}}, R \end{bmatrix} \begin{bmatrix} x(t) \\ u(t) \end{bmatrix} \mathrm{d}t \right\}$$

MATLAB 的 LQG 命令根据"分离原理"求解 Kalman 滤波器增益阵 K_f 和最优反馈增益阵 K_c,输出 LQG 最优动态补偿器。调用以下命令:

$$[\text{SS\_F}] = \text{lqg}(\text{SS\_}, W, V) \quad 或 \quad [\text{AF}, \text{BF}, \text{CF}, \text{DF}] = \text{lqg}(A, B, C, D, W, V)$$

式中,SS_或 A、B、C、D、W、V 为被控系统模型矩阵,返回的 SS_F 或 AF、BF、CF、DF 为最优 LQG 动态补偿器模型。

另外,MATLAB 还可以利用命令 Kalman 和 dKalman 求解连续系统和离散系统的最优 Kalman 滤波器。表 3.5 中列出了一些常用的最优设计命令,读者可以根据需要自行调用。

表 3.5　最优设计命令列表

命　令	设计方法
lqr	连续系统状态反馈的最优二次型设计
lqry	连续、离散系统输出加权的最优二次型设计
lqgreg	二次型调节器设计
lqrd	连续系统离散化并进行二次型最优设计
care	解连续代数 Riccati 方程,Shur 向量法
lqg	连续系统最优 LQG 设计
dlqr	离散系统状态反馈的最优二次型设计
dare	解离散代数 Riccati 方程
kalman	连续系统的 Kalman 滤波器设计
dkalman	离散系统的 Kalman 滤波器设计
kalmd	采样系统离散 Kalman 滤波器设计
reg	调节器设计

3.9　系统辨识与降阶

系统辨识过程是指对于一些不易得到精确模型的系统,通过它的输入/输出频率响应或时间响应,进行相应的时频转换和数据处理,建立系统模型。降阶是指对于复杂的高阶系统模型,选择那些最能够表示系统特性的模态构成低阶模型,使系统简化。MATLAB 具有系统辨识工具箱,可以提供很多命令完成复杂系统的辨识工作,下面仅就较为简单和直接的问题加以说明。

3.9.1　系统辨识

1. 由频率响应数据进行系统辨识

一个单输入/单输出系统的频率响应能够完全描述系统的特性。在工程应用中,由频率响应进行系统辨识是系统辨识中相当常用的方法。通常可以对一个黑箱系统施加频率随时间变化的扫频信号输入,其输出也将是幅值和相角随频率变化的信号,而该系统对变化的输入信号的衰减特性一般可以很好地反映在输出信号中。

由频率响应数据辨识系统模型是根据复数的曲线拟合方法进行的。根据用户给定的系统阶数,将被辨识系统的参数作为未知变量。求解各采样点上被辨识系统参数下的频率响应数据与给定的各采样点上的频率响应数据(幅频与相频或实部与虚部)的误差,将误差的平方和作为指标,进行参数寻优,最终找到使指标最小的一组参数值,即构成了被辨识的系统。具体方法可以参考有关系统辨识的理论。下面以实例进行说明。

MATLAB 利用 freqs 命令求解一个连续传递函数的频率响应数据:

```
h = freqs(num,den,w)
```

其中,num 和 den 为给出的传递函数分子、分母多项式系数数组,w 为给定的频率点,h 为产生的频率响应数据。与之对应,MATLAB 利用 invfreqs 命令进行给定阶数的系统参数辨识。命令形式如下:

```
[b,a] = invfreqs(h,w,nb,na)
```

其中,h 为给定频率响应数据,w 为规定的频率点,nb、na 分别为指定的分子分母多项式的阶数,输出 b、a 为辨识出的系统分子、分母多项式系数数组。

例如,给出一个系统传递函数

$$G(s) = \frac{s^2 + 7s + 24}{s^3 + 10s^2 + 35s + 50}$$

求取其频率响应,并利用频率响应数据进行系统辨识。

首先,建立系统模型

```
num = [1 7 24];den = [1 10 35 50];
w = logspace(-1,2);              % 定义频率取值范围
h = freqs(num,den,w);            % 产生给定频率点上的频率响应数组,不显示结果
[b,a] = invfreqs(h,w,2,3)        % 根据频率响应数据辨识系统参数,要求分子、分母阶数为 2
和 3
```

得到辨识出的系统

```
b =
    1.0000    7.0000   24.0000
a =
    1.0000   10.0000   35.0000   50.0000
```

可以看到,辨识出的系统参数与原给定系统完全一致。如果要求系统阶数不同,如分子、分母阶数分别为 1 和 2,则键入如下命令:

```
[b,a] = invfreqs(h,w,1,2)        % 给定系统分子、分母阶数为 1 和 2
```

得到

```
b =
    0.9954    0.7939
a =
    1.0000    3.2600    1.5069
```

对应新系统传递函数 $G_1(s) = \dfrac{0.995\,4s + 0.793\,9}{s^2 + 3.26s + 1.506\,9}$，该模型与原给定模型有较大的区别。

键入下列命令可以将两个传递函数的频率响应进行比较：

```
h1 = freqs(b,a,w);              % 求解新系统频率响应数据
plot(w,h,'k',w,h1,'r');grid     % 比较频率响应数据的差
```

得到的结果见图 3.22，图中横轴为频率，纵轴为频率响应数据。

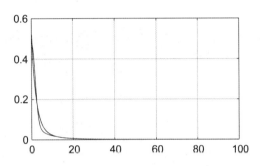

图 3.22　辨识出的低阶系统与原系统的频率响应误差

可以看出，虽然辨识出的系统模型有较大差异，其与原系统的频率特性误差较小，表明辨识的精度较高，同时对于同一组频率响应数据，会由多个阶数不同的系统模型与之对应，辨识给出的系统模型的结果不唯一。

2. 由时间响应数据进行系统辨识

如果得到的是系统的时间响应，则也可以进行系统辨识。通常的做法是将输入、输出时间响应数据分别进行快速 FFT 变换，转换到频率域，得到相应的频率响应数据，再进行系统辨识。也可以利用最小二乘法直接利用时间响应数据进行辨识。具体算法有很多种，读者可以根据系统辨识理论，参考 MATLAB 的系统辨识工具箱进行辨识运算。这里不再详述。

3.9.2　控制系统的模型降阶

模型降阶是将高阶系统用一个近似低阶系统代替，要求近似的程度尽可能高，便于进行系统简化。

MATLAB 提供了一个命令 balreal 可以将系统进行均衡降阶，它区分系统的最大和最小奇异值，将系统按照奇异值大小进行重新排列和组合，并给出降阶的依据。调用以下命令：

$$[ab,bb,cb,db,g] = balreal(a,b,c,d) \quad \text{或} \quad [ab,bb,cb,db,g,t,ti] = balreal(a,b,c,d)$$

式中，a、b、c、d 为高阶系统矩阵，ab、bb、cb、db 为均衡以后的系统矩阵，g 向量为均衡实现 gram 矩阵的对角线的值，表明状态作用的大小，可以作为降阶的依据，t 是由原状态 x 转换为新状态 xb 时的转换矩阵，ti 是其逆矩阵。

用户可以利用命令 modred 将奇异值小的部分消掉，得到近似的低阶模型。调用命令

$$[a2,b2,c2,d2] = modred(ab,bb,cb,db,elim)$$

其中，ab、bb、cb、db 为均衡以后的系统矩阵，elim 可以是一个数组，指定消掉的状态位置，a2、

b2、c2、d2 为得出的新的低阶系统矩阵。

例如,考虑将下面的高阶系统降阶

$$\dot{x} = \begin{bmatrix} -3 & 1 & 0 & -1 \\ -0.5 & -1 & 1 & -1 \\ -1.5 & 1 & -2 & 0 \\ -1.5 & 2 & 1 & -4 \end{bmatrix} x + \begin{bmatrix} 1 \\ 0 \\ 0 \\ 0 \end{bmatrix} u, \quad y = \begin{bmatrix} 1 & 0 & -1 & 0 \end{bmatrix} x$$

键入以下命令:

```
a = [-3 1 0 -1; -0.5 -1 1 -1; -1.5 1 -2 0; -1.5 2 1 -4];
b = [1;0;0;0];c = [1 0 -1 0];d = 0;
[ab,bb,cb,g] = balreal(a,b,c)
```

得到均衡矩阵

```
ab =
    -1.2829       0.4033      -0.1900       0.0359
     0.4033      -1.7748       1.5444      -0.3144
    -0.1900       1.5444      -5.9201       2.8156
    -0.0359       0.3144      -2.8156      -1.0223
bb =
     0.9849
    -0.1577
     0.0730
     0.0138
cb =
     0.9849      -0.1577       0.0730      -0.0138
g =
     0.3781
     0.0070
     0.0005
     0.0001
```

从产生的均衡向量 g 中可以看出,系统主要由前两个状态起作用,后两个状态可以截掉。

键入命令

```
[a2,b2,c2,d2] = modred(ab,bb,cb,d,[3,4])          % 消掉第 3,4 个状态量
```

得到低阶模型

```
a2 =
    -1.2780       0.3634
     0.3634      -1.4466
b2 =
     0.9830
    -0.1424
c2 =
     0.9830      -0.1424
d2 =
     7.1467e-004
```

如果要检验降阶的效果,则可以键入以下命令:

```
t = 0:0.1:10;
y1 = step(a,b,c,d,1,t);          % 计算 4 阶系统的阶跃响应
y2 = step(a2,b2,c2,d2,1,t);      % 计算 2 阶系统的阶跃响应
plot(t,y1,'k + ',t,y2,'ro')      % 高阶用"+"绘制,低阶用"o"绘制
legend('4 阶系统 ','2 阶系统 ')
grid,hold on, plot(t,y1)
xlabel('time/sec.')
```

得到的结果如图 3.23 所示。

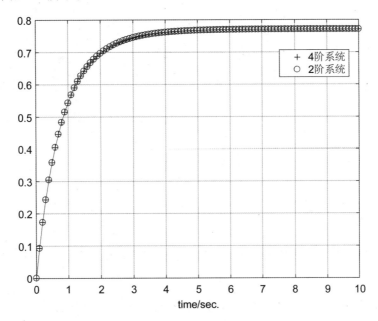

图 3.23　系统降阶的阶跃响应比较

结果表明,降阶系统与原系统具有相同的阶跃响应,降阶效果较好。

另外,还有多种方法可以进行系统降阶,读者可以参考系统辨识中的有关理论和方法进行,这里不再详述。

3.10　仿真例题

本节利用 MATLAB 的相关函数和指令,对计算机控制系统中的离散化方法进行应用,并进行相应的频率特性分析,绘制离散前后的脉冲响应和阶跃响应曲线;针对给定的性能指标进行某系统的根轨迹设计。

3.10.1　线性系统离散化及其频率特性和响应

已知传递函数 $G(s)=\dfrac{1}{s+1}$,要求:

① 试用一阶向后差分、Tustin 变换和零极点匹配等方法将 D(s) 离散化,采样周期分别取为 0.5 s 和 0.1 s。

② 绘制 $D(j\omega)$ 和各个 $D(e^{j\omega T})$ 的幅频和相频特性图,频率 ω 范围为 0～15 rad。

③ 计算 $D(s)$ 及 $T=0.5$ s,$T=0.1$ s 时 $D(z)$ 的单位脉冲响应,时间取为 6 s。

④ 计算 $D(s)$ 及 $T=0.5$ s,$T=0.1$ s 时 $D(z)$ 的单位阶跃响应,时间取为 6 s。

解:

(1) 离散化

连续传递函数 $G(s)$ 采用不同离散化方法进行离散,根据式(3.3)、式(3.5)、式(3.7),可以得到理论上的离散结果如下:

一阶向后差分

$$G_2(z) = G(s)\Big|_{s=\frac{z-1}{Tz}} = \frac{Tz}{(T+1)z-1} = \frac{\frac{T}{T+1}z}{z - \frac{1}{T+1}} \tag{3.9}$$

Tustin 变换

$$D_4(z) = G(s)\Big|_{s=\frac{2}{T}\cdot\frac{z-1}{z+1}} = \frac{T(z+1)}{(2+T)z+(T-2)} \tag{3.10}$$

零极点匹配

$$D_6(z) = \frac{(1-e^{-T})}{2}\frac{(z+1)}{(z-e^{-T})} \tag{3.11}$$

(2) 频率特性绘制

对于连续传递函数,其频率特性为 $G(j\omega) = \frac{1}{j\omega+1} = \frac{1}{\sqrt{\omega^2+1}}\angle\arctan\omega$,取 ω 从 0 到 ∞,可以获得其频率特性。

通过下面的程序,输入所设定的采用周期的值,可以完成系统离散化并绘出连续系统和离散系统的频率特性:

```
Gs = sym('1/(s + 1)');                          % 定义传递函数 G(s)
T = input('请输入采样周期 T: T = ');             % T = 0.5;T = 0.1;
[numGs,denGs] = numden(Gs)                       % 提取分子分母
num = sym2poly(numGs);                           % 将符号表达的分母转化为一般多项式
den = sym2poly(denGs);                           % 将符号表达的分子转化为一般多项式
b = T/(T + 1);a = 1/(T + 1);
numB = [b,0]; denB = [1, - a];                   % 进行一阶向后差分变换
[numT,denT] = c2dm(num,den,T,'tustin');          % 进行 Tustin 变换
[numM0,denM] = c2dm(num,den,T,'matched');        % 进行零极点匹配变换
numM = 0.5 * [numM0(2),numM0(2)];                % 因原分母阶数＞分子阶数,需补零点并改增益值
Wmax = 15;  Wstep = Wmax/30;                     % 31 点
w = 0:Wstep:Wmax;                                % 定义频率特性的频率范围和步长
[mc,pc] = bode(num,den,w);                       % 计算连续系统频率特性
[mB,pB] = dbode(numB,denB,T,w);                  % 计算各种离散法得到的离散系统的频率特性
[mT,pT] = dbode(numT,denT,T,w);
[mM,pM] = dbode(numM,denM,T,w);
nums = length(w);
for i = 1:1:nums                                 % 使相角显示在 - 180°～180°范围内
    if   pB(i)< = - 180   pB(i) = pB(i) + 360;   end
    if   pT(i)< = - 180   pT(i) = pT(i) + 360;   end
    if   pM(i)< = - 180   pM(i) = pM(i) + 360;   end
end
```

```
figure              % 绘制图 3.24、图 3.25 绘制连续和三种离散系统的幅值和相角
subplot(3,2,1),plot(w,mc,'- -',w,mB);grid ;
str = sprintf('G 的幅值,T= % 4.1fs ',T);title(str)
legend(' 连续 ',' 向后差分 ');
subplot(3,2,2),plot(w,pc,'- -',w,pB,[0 15],[- 90 - 90],'- .');grid ;
str = sprintf('G 的相角,T= % 4.1fs',T);title(str)
legend(' 连续 ',' 向后差分 ');
subplot(3,2,3),plot(w,mc,'- -',w,mT);grid ;
legend(' 连续 ','tustin');
subplot(3,2,4),plot(w,pc,'- -',w,pT,[0 15],[- 90 - 90],'- .');grid ;
legend(' 连续 ','tustin');
subplot(3,2,5),plot(w,mc,'- -',w,mM);grid ;
xlabel('Frequency(rad/s)');
legend(' 连续 ',' 零极匹配 ');
subplot(3,2,6),plot(w,pc,'- -',w,pM,[0 15],[- 90 - 90],'- .');grid ;
xlabel('Frequency(rad/s)');
legend(' 连续 ',' 零极匹配 ');
```

输入采样周期 0.5 可以得到图 3.24,输入采样周期 0.1 可以得到图 3.25。

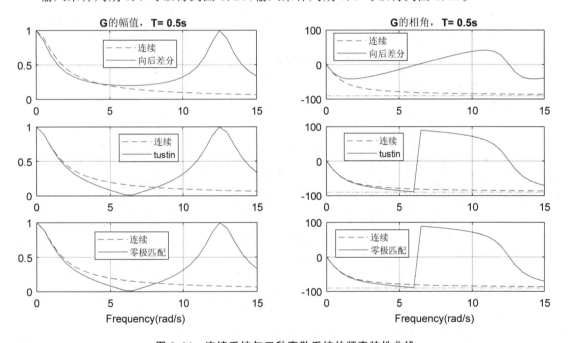

图 3.24   连续系统与三种离散系统的频率特性曲线

由图 3.24 可知,离散系统的频率特性与连续系统很不相同。对于连续系统,ω 从 0 到 ∞ 变化时,幅频特性趋于 0,相频特性趋于 $-90°$。对于离散系统,幅频和相频都显示出周期性,周期为 $2\pi/T = 2*3.14/1 = 6.28 = \omega_s$。

由图 3.25 可知,当采样周期取的比较小时,幅值频率特性方面,离散系统与连续系统很接近;相角频率特性方面,离散系统与连续系统的接近程度大有改善,且后两种离散化方法得到的离散系统更接近连续系统。离散系统呈现的周期计算值为 $2\pi/T = 2*3.14/0.1 = 62.8 = \omega_s$,所以对于图 3.25 的 0~15 范围,离散系统的幅频和相频都不足于显示出其周期性。

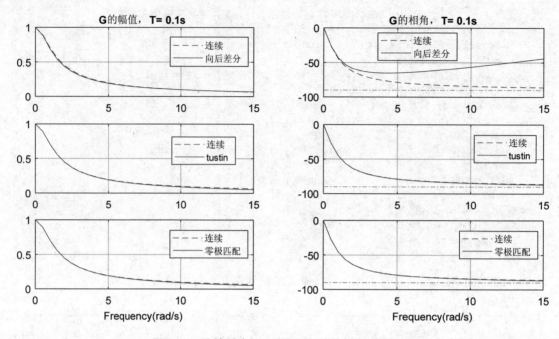

图 3.25　连续系统与三种离散系统的频率特性曲线

(3) 脉冲响应曲线绘制

在前面程序的基础上,继续运行以下程序:

```
Tfinal = 6;
t = 0:T:Tfinal; tnums = length(t);
x0 = impulse(num,den,t);
xB = dimpulse(numB,denB,tnums);
xT = dimpulse(numT,denT,tnums);
xM = dimpulse(numM,denM,tnums);
figure                               % 绘制图 3.26、图 3.27 绘制连续和三种离散系统的脉冲响应曲线
subplot(131),plot(t,x0);grid;        % 画连续系统的脉冲响应
hold on; stem(t,xB,'r');             % 画离散系统的脉冲响应
str = sprintf('系统的脉冲响应,T = % 4.1fs ',T);title(str)
legend('连续','向后差分');
subplot(132),plot(t,x0);grid;
hold on; stem(t,xT,'r');
str = sprintf('系统的脉冲响应,T = % 4.1fs ',T);title(str)
legend('连续','tustin');
subplot(133),plot(t,x0);grid;
hold on; stem(t,xM,'r');
str = sprintf('系统的脉冲响应,T = % 4.1fs ',T);title(str)
legend('连续','零极匹配');
```

输入采样周期 0.5 可以得到图 3.26 所示的脉冲响应曲线,输入采样周期 0.1 可以得到图 3.27 所示的脉冲响应曲线。

从图 3.26 和图 3.27 可以看出,这三种离散化方法得到离散系统在采样时刻得到的值与连续系统的值不一致。

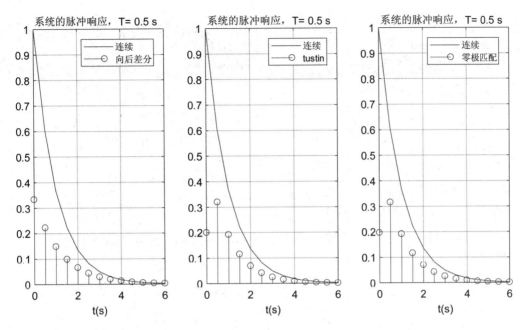

图 3.26　连续系统与三种离散系统的脉冲响应曲线($T=0.5$ s)

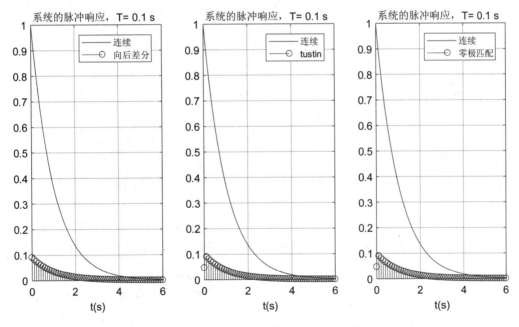

图 3.27　连续系统与三种离散系统的脉冲响应曲线($T=0.1$ s)

(4) 阶跃响应曲线绘制

在前面程序的基础上,继续运行以下程序:

```
y0 = step(num,den,t);          % 连续系统的阶跃响应
yB = dstep(numB,denB,tnums);   % 离散系统的阶跃响应
yT = dstep(numT,denT,tnums);
```

```
yM = dstep(numM,denM,tnums);
figure                              % 绘制图 3.28、图 3.29 所示连续系统和三种离散系统的阶跃响应曲线
subplot(131),plot(t,y0);grid;       % 画连续系统的阶跃响应
hold on; stem(t,yB,'r');            % 画离散系统的阶跃响应
str = sprintf('系统的阶跃响应,T = % 4.1fs ',T);title(str)
legend('连续 ','向后差分 ');
subplot(132),plot(t,y0);grid;
hold on; stem(t,yT,'r');
str = sprintf('系统的阶跃响应,T = % 4.1fs ',T);title(str)
legend('连续 ','tustin');
subplot(132),plot(t,y0);grid;
hold on; stem(t,yT,'r');
str = sprintf('系统的阶跃响应,T = % 4.1fs ',T);title(str)
legend('连续 ','零极匹配 ');xlabel('t(s)');
```

输入采样周期 0.5 就可以绘制得到图 3.28 所示的阶跃响应曲线。输入采样周期 0.1 可以得到图 3.29 所示的阶跃响应曲线。

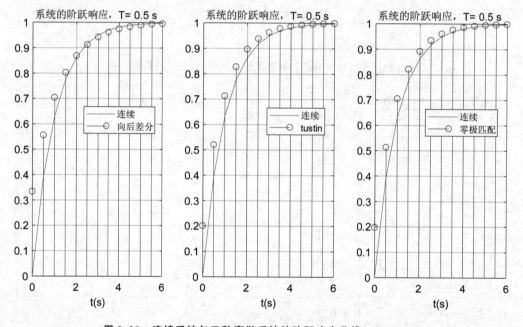

图 3.28　连续系统与三种离散系统的阶跃响应曲线($T = 0.5\ s$)

从图 3.28 和图 3.29 可以看出,这三种离散化化方法得到的离散系统在动态过程中采样时刻的值与同时刻连续系统的值略有差别,但稳态结果与原连续系统的稳态输出是一致的,即对于常值输入具有稳态增益不变性。

3.10.2　太阳光源跟踪系统的根轨迹设计

太阳光源跟踪系统利用伺服系统控制太阳电池帆板的移动,使其跟踪并始终垂直于太阳光线,最大程度地接收太阳能。太阳光源跟踪系统由感光器与检测线路和电机的功率放大器(可以简化视为一个增益放大环节)、太阳帆板(作为直流力矩电机的负载,可以近似看作常值转动惯量加到电机轴上)、电机位置传感器(其输出与电机转角成正比的电压信号)及直流力矩电机组成。

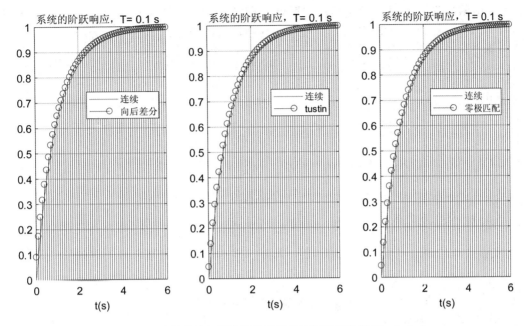

图 3.29　连续系统与三种离散系统的阶跃响应曲线（$T=0.1$ s）

进行相关的折算以后,得到以下的参数:电机内阻为 $r=13.9\ \Omega$,电磁时间常数 $k_v=0.048\ 2$,机电时间常数 $k_t=0.476$,转动惯量 $J=5.56\times10^{-5}$,电机前有 2 倍的功放。

根据系统结构,可以计算得到被控对象的传递函数,将其可以简化为一个从输入电压到输出转速的惯性环节,若输出为转角,则被控对象的传递函数如下:

$$G(s)=\frac{2a_0}{s(s+b_0)}$$

其中:

$$a_0=\frac{k_t}{rJ}=\frac{0.467}{13.9\times5.56\times10^{-5}}=615.91$$

$$b_0=\frac{k_t k_v}{rJ}=\frac{0.467\times0.048\ 2}{13.9\times5.56\times10^{-5}}=29.686\ 9$$

得到太阳光源跟踪系统如图 3.30 所示。

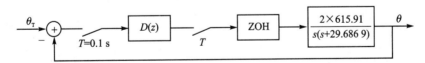

图 3.30　太阳光源跟踪计算机控制系统

现给定采样周期 $T=0.1$ s,希望设计出满足以下设计指标的控制系统:

① 超调量 $\sigma\%\leqslant15\%$;

② 上升时间 $t_r\leqslant0.55$ s;

③ 调节时间 $t_s\leqslant1$ s。

④ 静态速度误差系数 $K_v>5$。

解:

(1) 根据性能指标,确定闭环极点的期望区域

在自动控制原理中给出了2阶系统阶跃响应的动态过程指标与极点位置的关系如下:

超调量

$$\sigma\% = e^{-\pi\xi/\sqrt{1-\xi^2}} \times 100\% \tag{3.12}$$

上升时间

$$t_r = \frac{\pi - \arccos\xi}{\mathrm{Im}(s)} \tag{3.13}$$

峰值时间

$$t_P = \frac{\pi}{\mathrm{Im}(s)} \tag{3.14}$$

调节时间(5%误差带)

$$t_s \approx \frac{3.5}{\mathrm{Re}(s)} \tag{3.15}$$

根据上述设计指标①~③,由式(3.12)、式(3.13)和式(3.15),可得闭环系统阻尼比 $\xi >$ 0.517;z 域同心圆半径 $r \leqslant 0.704\,7$,z 域射线 $\theta = T\mathrm{Im}(s) = 0.384\,4\ \mathrm{rad} = 22°$。理想的极点应当位于图3.31中的阴影部分。

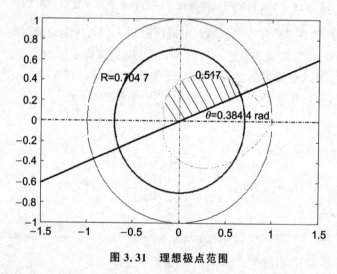

图 3.31　理想极点范围

(2) 设计数字控制器 $D(z)$

被控对象的脉冲传递函数为

$$G(z) = \mathbb{Z}\left[\frac{1-e^{-sT}}{s} \times \frac{2\times 615.91}{s(s+29.686\,9)}\right] = 2.823\,5\,\frac{z+0.394\,1}{(z-1)(z-0.051\,4)} \tag{3.16}$$

常值控制器:设 $D(z)=1$,系统根轨迹如图3.32所示,有一部分落入理想区域内(见图中带小折线标注的部分根轨迹),可以适当选择增益 K,只用常值控制器,即可以满足设计指标。

如果取常值控制器 $K_d=0.2$,则离散系统仿真加入零阶保持器,如图3.33所示。

在 $t=0$ s时加入阶跃指令,可以获得系统输出值 theta 的响应曲线如图3.34所示。可以看出,常值控制虽然简单,时间响应的超调量较大。

离散根轨迹设计:采用一阶动态控制器改善系统的动态响应。取控制器结构为一阶超前

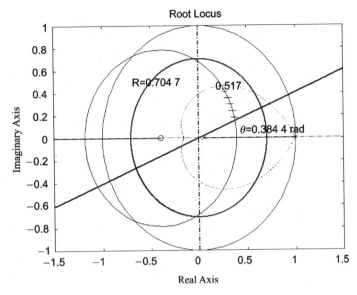

图 3.32　常值控制器根轨迹

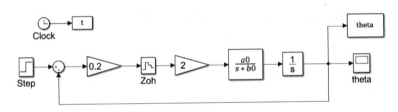

图 3.33　常值控制器仿真框图

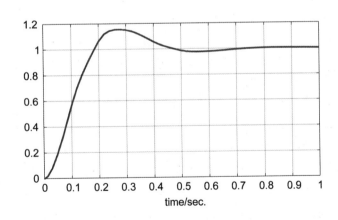

图 3.34　常值控制器 $k=0.2$ 的响应曲线

滞后网络,其中零点用来对消原系统接近单位圆的极点(见式(3.16)),同时配置一个极点位于 z 平面原点,控制器为 $D(z)=k_{\mathrm{c}}\dfrac{z-0.051\,4}{z}$。此时的开环传递函数为

$$D(z)G(z)=k_{\mathrm{c}}\frac{z-0.051\,4}{z}\times 2.823\,5\,\frac{z+0.394\,1}{(z-1)(z-0.051\,4)}=K\frac{z+0.394\,1}{z(z-1)}$$

$$(3.17)$$

其中,根轨迹增益 $K = 2.823\ 5k_c$。

加入控制器 $D(z)$ 后的根轨迹如图 3.35 所示。

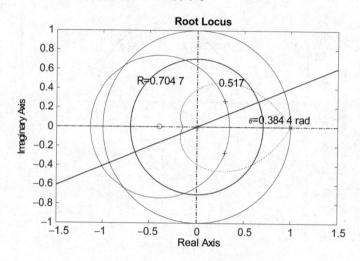

图 3.35　采用一阶控制器时的根轨迹

根据速度误差系数要求 $K_v > 5$,确定根轨迹增益的最小值,取

$$K_v = \frac{1}{T}\lim_{z \to 1}(z-1)D(z)G(z) = \frac{1}{T}\lim_{z \to 1}(z-1)K\frac{z+0.394\ 1}{z(z-1)} > 5$$

可得 $K > 0.358\ 7$,在稳定的增益区域内选定一对极点:$z = 0.296\ 4 \pm 0.269\ 5i$,对应的根轨迹增益 $K = 0.407\ 2$,满足速度误差要求。由式(3.6)可以求出控制器增益 $k_c = K/2.823\ 5 = 0.144\ 2$。最后,取离散控制器为 $D(z) = 0.144\ 2 \times \dfrac{z-0.051\ 4}{z}$。

仿真方框图如图 3.36(a)所示,仿真结果如图 3.36(b)所示。从图中可知,超调量 $\sigma\% = 2\%$,上升时间 $t_r = 0.22$ s,调节时间 $t_s = 0.28$ s,性能满足要求。

仿真结果表明,采用一阶控制器时间响应得到了较大的改善。

(3) MATLAB 程序的设计过程

① canshu. m 完成参数初始化,获得系统参数 a0 和 b0:

```
r = 13.9; kt = 0.476; kv = 0.0482; j = 5.56e - 5;
a0 = kt/r/j; b0 = kt * kv/r/j; k0 = 2 * a0;
num = 2 * [a0]; den = [1  b0  0];
T = 0.1;                              % 采样周期
[dnum,dden] = c2dm(num,den,T,'zoh');  % 完成式(3 - 5)的 Z 变换
```

② huitu1. m 完成离散系统的根轨迹设计:

```
kexi = 0.517;                     % 给定阻尼比要求
r = 0.7047;                       % 给定同心圆半径要求
wT = 0.3844;                      % 给定幅角要求
kk = - kexi/sqrt(1 - kexi^2);     % 用于计算等阻尼比线
x = - 1.5:0.01:1.5;
for i = 1:301
    y1(i) = sqrt(1 - x(i)^2);     % 单位圆边界线
    y2(i) = - sqrt(1 - x(i)^2);
```

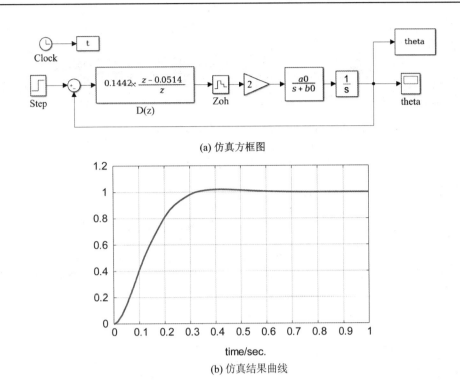

(a) 仿真方框图

(b) 仿真结果曲线

图 3.36　采用一阶控制器时仿真情况

```
    z1(i) = sqrt(r^2 - x(i)^2);                 % 同心圆边界线
    z2(i) = - sqrt(r^2 - x(i)^2);
    z3(i) = x(i) * tan(wT);                     % 射线边界线
end
plot(x,y1,'r',x,y2,'r'); hold on               % 绘单位圆,保持原图
plot(x,z1,'b',x,z2,'b');                        % 绘同心圆
plot(x,z3,'m');                                 % 绘等幅角射线
jiao = 0:0.01:pi;
for k = 1:315
    ep = exp(kk * jiao(k));
    xx(k) = cos(jiao(k)) * ep;
    yy(k) = ep * sin(jiao(k));
end
plot(xx,yy,'k')                                 % 绘等阻尼比线
% 绘闭环 D(z)G(z) = kc(z + 0.3941)/z(z - 1)的根轨迹
nz = [1 0.3941];
dz = [1 - 1 0];
[rr,kdg] = rlocus(nz,dz);                       % 计算根轨迹极点位置
rlocus(nz,dz,'c')                               % 绘根轨迹图
axis([- 1.5,1.5, - 1,1])                        % 限定绘图范围
% 找出稳定的闭环增益和极点位置
j = 0;
for i = 1:length(rr)
  if angle(rr(i))>wT & abs(rr(i))<r & angle(rr(i))<(pi - 0.01)
      % 幅角大于射线,幅值小于同心圆(去掉虚轴上的极点)的极点
      a = real(rr(i)); b = imag(rr(i));         % 分别取出极点的实部和虚部
      j = j + 1;   r1(j) = rr(i);   kdg1(j) = kdg(i);
```

```
                    plot([a,a],[- b b],'r * ');        % 标注满足这两个要求的极点
          end
     end
     r2 = r1(2); r3 = conj(r2);                         % 取出符合 2 个要求的极点中的第 2 个
     plot(r2,'ko')
     plot(r3,'ko')
```

通过运行上述程序,可以获得图 3.37 所示的根轨迹设计。

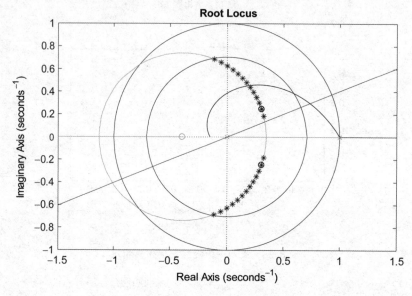

图 3.37　根轨迹设计图

图 3.37 中 * 号表示的根轨迹已经满足了进入 Z 域同心圆半径 $r \leqslant 0.704\,7$,同时满足 z 域射线 $\theta \geqslant 0.384\,4\ \text{rad} = 22°$ 的要求。只要从这些点中找到位于等阻尼比 $\xi = 0.517$ 线下的点,就可以同时满足阻尼比对应的超调量指标的要求,也就是同时满足所有性能指标的要求。现在,从中选择需要的极点位置对应的极点为

```
r2 =
   0.3048 + 0.2470i
r3 =
   0.3048 - 0.2470i
```

增益为

```
kdg1(2) =
    0.3905
```

图 3.37 中用黑色的 o 标出对应选择的两个极点。

3.11　本章小结

本章重点结合线性系统分析、设计与仿真的需求给出了连续系统与离散系统中的系统模型变换命令和方法,给出了时间响应计算、频率特性计算的指令和应用简例;针对线性系统的

常用设计方法,利用 MATLAB 完成状态反馈设计、最优二次型设计方法和指令;给出了一种系统辨识和降阶的方法。本章所介绍的内容都是控制类学生的常用工具。最后通过两个仿真例子的应用,很好地分析连续系统与离散系统的频率特性和响应情况,设计得到满足设计要求的控制器。

习　题

1. 已知传递函数

$$G(s) = \frac{1}{s+5}$$

绘制其阶跃响应和脉冲响应曲线图。

2. 已知传递函数

$$G(s) = \frac{6s^3 + 11s^2 + 6s + 10}{s^4 + 2s^3 + 3s^2 + s + 1}$$

求：

(1) 分子,分母表达式;系统零,极点。

(2) 状态空间表示(a、b、c 矩阵)。

(3) 取采样周期 $T = 0.1$ s,写出其离散传递函数和离散状态方程(用 z 变换方式)。

(4) 离散系统的阶跃响应和脉冲响应。

(5) 绘制系统的根轨迹、nyquist 图和 Nichols 图。

3. 已知线性系统

$$\dot{x}(t) = \begin{bmatrix} -5 & 2 & 0 & 0 \\ 0 & -4 & 0 & 0 \\ -3 & 2 & -4 & -1 \\ -3 & 2 & 0 & -4 \end{bmatrix} x(t) + \begin{bmatrix} 1 \\ 2 \\ 0 \\ 1 \end{bmatrix} u(t)$$

$$y(t) = \begin{bmatrix} 1 & 2 & 1 & 3 \end{bmatrix} x(t)$$

绘制系统的 bode 图,选择频率范围为 $w = 0.01 \sim 100$。

4. 已知传递函数为 $G(s) = \dfrac{1}{s+2}$,选择采样周期 $T_1 = 0.1$ s 和 $T_2 = 0.02$ s,分别完成：

(1) 用 MATLAB 给出的几种方法将上述传递函数离散,写出离散传递函数。

(2) 绘制离散系统 bode 图,与连续传递函数 bode 图比较。

5. 已知离散系统

$$H(z) = \frac{z^2 + 3z + 4}{z^3 + 3z^2 + 3z + 1}$$

选择频率范围,绘制离散系统 bode 图,求出系统的幅值裕度和相角裕度。

6. 设系统的状态方程为

$$\dot{x}(t) = \begin{bmatrix} 0 & 1 & 0 & 0 \\ 0 & 0 & 1 & 0 \\ -3 & 1 & 2 & 3 \\ 2 & 1 & 0 & 0 \end{bmatrix} x(t) + \begin{bmatrix} 1 & 0 \\ 2 & 1 \\ 3 & 2 \\ 4 & 3 \end{bmatrix} u(t)$$

求：

选择加权阵 $Q=\mathrm{diag}\,(1,2,3,4),R=I_2$，试设计线性二次型指标的最优控制器及在最优控制下的闭环极点位置。

第 4 章　Simulink 仿真环境

4.1　Simulink 概述

Simulink 是 MATLAB 环境下的图形化仿真工具,是用来对动态系统进行建模、仿真和分析的集成环境,既可支持连续、离散及两者混合的线性和非线性系统仿真,也可支持具有多种采样速率的多速率系统仿真。本章基于 MATLAB R2017a 版本,介绍其 Simulink 仿真环境的使用方法。

Simulink 仿真环境的主要特点为可视化、开放性。用户可建立图形方式的系统模型,与传统的仿真软件包用微分方程或差分方程建模相比,具有直观、方便、灵活的特点。Simulink 还提供了封装和模块化工具,可以通过该功能定义新的模块,实现对仿真模块库的扩展和仿真的快速便利性。Simulink 尤其适用于复杂、多层次、高非线性的系统仿真,它简化了设计过程,减轻了设计负担,提高了仿真的集成化和可视化程度。

Simulink 能够使用 MATLAB 自身的语言或 C 语言、FORTRAN 语言,也可以根据 S 函数的标准格式,写成用户定义的功能模块。

4.2　Simulink 仿真环境及其模型库

在 MATLAB 窗口(见图 4.1)中输入 Simulink 命令,或单击 Simulink 按钮即可进入 Simulink 仿真环境主页(见图 4.2)。

Simulink 主页左边有一个 Open 按钮,下面是已经存在的 Simulink 文档列表,单击即可打开。主页上方有两个选项卡,New 和 Examples,分别用来建立新文件或观看例题。Examples 选项卡页面如图 4.3 所示,页面上给出了很多 Simulink 的仿真例题,读者可以单击打开观看和学习。

单击打开 New 选项卡可以新建文档页面,如图 4.4 所示。

单击 Simulink 新建文档页面的右上角的 All Templates 下拉按钮,即可看到 Simulink 的全部模板,包括 My Templates(自己建立的模板)、Model Templates(已经建立的模型模板)、Library Templates(模型库模板)以及 Project Templates(工程项目模板)。除了 My Templates,其他三个中都是已经建好的一些模板,用户可以直接单击使用。

在图 4.4 所示 New 标签页中单击 Blank Model 图标即进入 Simulink 的自建页面,如图 4.5 所示。新文件初始名称为 untitled(未命名的),用户需要在编制程序后自己定义名称并保存。

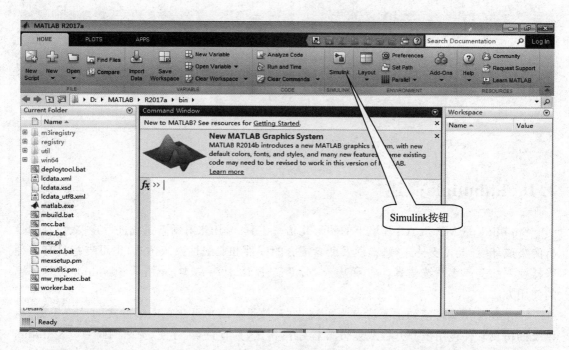

图 4.1　MATLAB 窗口

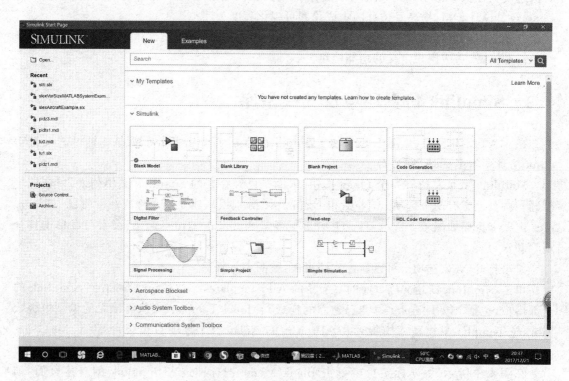

图 4.2　Simulink 仿真环境主页

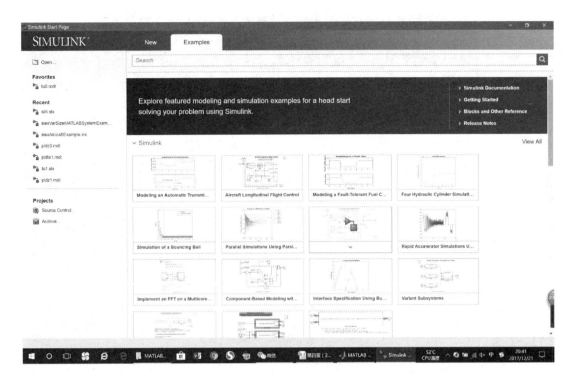

图 4.3　Simulink 的 Examples 页面

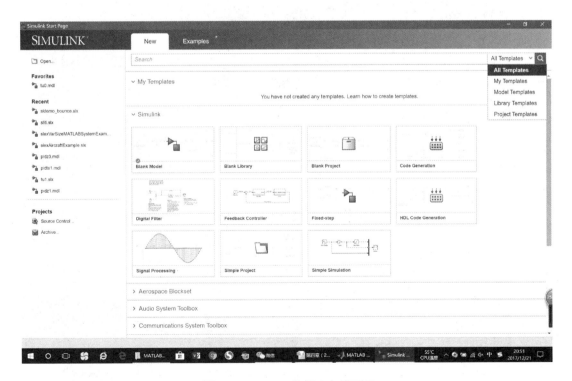

图 4.4　Simulink 的新建文档页面

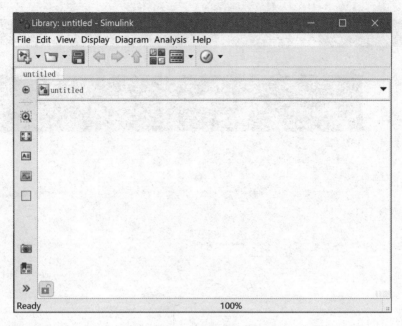

图 4.5　新文件页面

单击有四个彩色方框的按钮▦▦,即进入图 4.6 所示的 Simulink 仿真环境的模型库浏览器界面,用户可以拖拽各个模块进入新建文件页面,添加连线组成自己的仿真系统。

图 4.6　Simulink 仿真模型库

　　Simulink 仿真环境中含有多个模型库,这是它作为图形仿真工具的基础。每个版本的模型库都在其前一个版本的基础上有所增加和修补。图 4.6 中除了 Simulink 的基本模型库,还包括 Aerospace Blockset、CDMA Reference Blockset、Communication Blockset、DSP Blockset、Fuzzy LogicToolbox、Stateflow、Virtual Reality Toolbox 等若干模型库。下面重点介绍 Simulink 的基本模型库。

　　Simulink 基本模型库包括的主要子模型库如下:

Commonly Used Blocks——常用模型库;

Continues——连续环节库;

Discontinuities——非线性环节库;

Discrete——离散环节库;

Logic and Bit Operations——逻辑和位操作模型库;

Look‐up tables——查表运算模型库;

Math operations——数学运算模型库;

Model‐verification——模型确认库;

Model‐Wide Utilities——模型扩充模块;

Signal Attributes——信号属性置模型库;

Signal Routing——信号链接模型库;

Sinks——输出方式模型库;

Sources——输入信号源模型库;

User‐Defined Function——用户自行定义的函数库。

　　每一个子模型库中都包含了更多的环节。图 4.7～图 4.12 和表 4.1～表 4.4 分别给出了四个常用的模型库中包含的环节。用户可以在一个 Simulink 文件中拖拽加入该模型,双击打开并设置参数,以建立自己的仿真模型子系统。

　　图 4.7 所示的连续时间环节库中包含了微分和积分,线性系统的状态空间、传递函数、零极点形式的传递函数等描述方式,以及基于 Padé 有理近似法的纯延迟环节模型等。

　　图 4.8 所示的非线性环节库包含了死区(Dead Zone)、饱和(Saturation)、速率限制(Rate Limiter)、继电器(Relay)、量化非线性(Quantizer)等常用的非线性特性,另外还提供了摩擦、冲击等模型。

　　图 4.9 所示的离散时间环节库中包含了离散传递函数模型和状态空间模型,所有的模型均用差分方程描述。同时还包含了离散信号输出的零阶保持器和一阶保持器,用户可以自行定义采样时间,对于多采样速率仿真更加实用和方便。所提供的 Memory 模块可以实现仿真中动态变量的一步延迟,而超前滞后传递函数可以方便地用于离散系统控制器设计。

　　图 4.10 所示的查表运算环节库提供了一维、二维和 n 维查表差值运算模型,为复杂系统参数实时变化的系统仿真提供了便利的工具。

　　图 4.11 所示的输入信号源模型库提供了多种输入信号源模型,包括常值、阶跃、sin、方波、随机和综合信号发生器,便于用户进行多种输入信号的仿真;提供了时钟信号,便于记录时间响应的时间;另外还提供了直接从文件输入数据或从 Workspace 采集信号的功能。

　　图 4.12 所示的输出方式模型库提供了示波器、XY 轴示波器显示仿真曲线的功能,同时还提供了输出到 Workspace 或输出到文件的功能。用户可以自行利用 Plot 指令打印输出曲

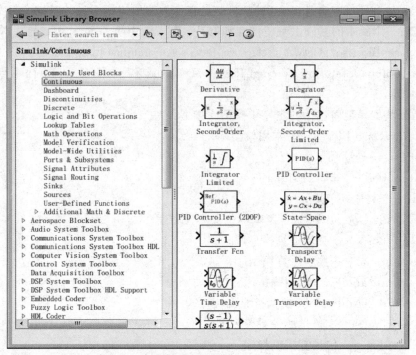

图 4.7　连续时间环节库(Continues)

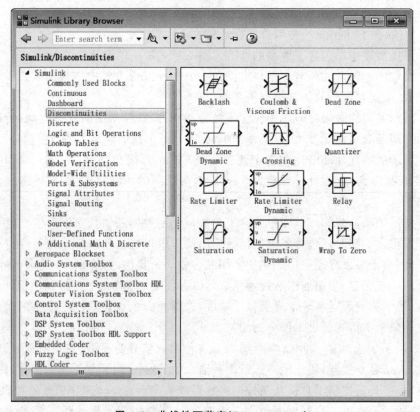

图 4.8　非线性环节库(Discontinuities)

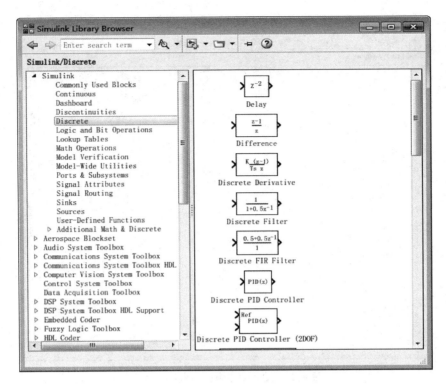

图 4.9　离散时间环节库(Discrete)

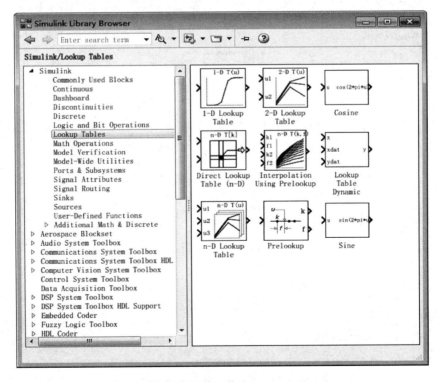

图 4.10　查表运算环节库(Lookup Tables)

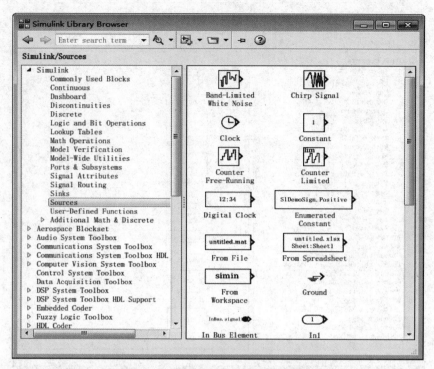

图 4.11　输入信号源模型库(Sources)

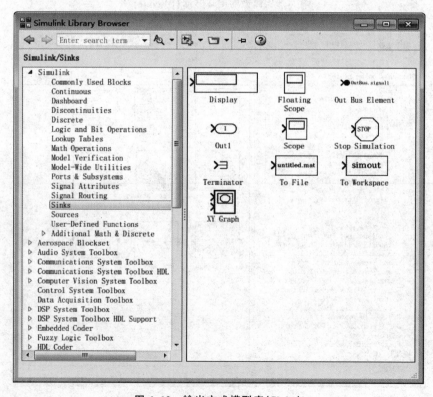

图 4.12　输出方式模型库(Sinks)

线,或直接到输出文件中读取数据。另外,对于没有或不需要连接的输出点,可以利用给出的 Terminator 终止信号的输出,防止仿真中出现"某端点没有连接"的错误信息。

上述模型库中主要环节的进一步解释参见表 4.1～表 4.4。

此外,Math operations 模型库提供了常值增益、矩阵与向量相乘、多种非线性函数、多信号相加减等工具;Signal Routing 模型库提供了多信号组成向量、向量分解为多维信号、开关等功能,这些功能在复杂系统仿真方面都是很常用的,读者可以自己查询。

表 4.1　continues 模型库

模块名	用　途
Derivative	微分环节
Integrator	积分环节
Memory	一步延迟环节
State – space	状态空间表达式
Transfer – fcn	传递函数表达式
Transport delay	指定传输延迟
Zero – pole	零极点表达式

表 4.2　Discrete 模型库

模块名	用　途
Discrete Transfer – fcn	离散传递函数表达式
Discrete Zero – pole	离散零极点表达式
Discrete filter	离散滤波器
Discrete State – space	离散状态空间表达式
Discrete – Time Integrator	离散时间积分器
First – Order hold	一阶保持器
Unit delay	单位延迟
Memory	一步延迟环节
Zero order hold	零阶保持器

表 4.3　Sources 模型库

模块名	用　途
Band – Limited White Noise	把白噪声加到连续系统中
Chip Signal	产生一个频率不断增大的正弦波
Clock	显示和提供仿真时间
Constant	产生一个常值
Digital Clock	在规定的采样间隔产生仿真时间
From Workspace	从工作空间上定义的数组中读数据
From File	从文件中读数据
Pulse Generator	产生脉冲信号
Random Number	产生正态分布的随机数
Repeating Sequence	产生规律重复的任意信号
Signal Generator	信号发生器,产生正弦、方波、锯齿波、随机信号
Sine Ware	产生一个正弦波
Step Input	产生一个阶跃函数
Uniform random number	产生均匀分布的随机信号

表 4.4　Sinks 模型库

模块名	用　途
Scope	示波器,以曲线形式显示信号
Floating scope	浮动示波器,以曲线形式显示信号
Stop Simulation	当输入不为零时停止仿真
To File	把数据输出到文件中
To Workspace	把数据输出到工作空间上定义的一个数组中
Display	以数值形式显示信号
XY Graph Scope	在 MATLAB 图形窗口显示信号的 X－Y 平面图

4.3　方框图模型的建立和仿真

建立 Simulink 仿真方框图模型有以下三种方式:

(1) 直接从 MATLAB 指令窗口中单击选择 File→New→model 命令,MATLAB 将打开一个新方框图;或在 Simulink 模块库窗口中,从 File 菜单中选择 New 命令下的 model 命令,创建新仿真图。

(2) 如果仿真方块图(.mdl 文件)已经存在,则在 MATLAB 指令窗口中,直接键入模型文件名(不含扩展名),即可打开该模型的仿真图,用户可以对它进行编辑、修改和仿真。也可以在 Simulink 窗口下利用 File 菜单中的 Open 命令打开它。

(3) 由于 Simulink 模型是以 ASCⅡ码形式保存的 S 函数文件,所以可以用字处理软件对它进行创建、修改和编辑,这和建立一个普通 M 文件的过程一样,但要符合 S 函数的语法规则。

最常用的是前面两种。

【例】　用 Simulink 对图 4.13 所示反馈系统进行仿真,求其单位阶跃响应。

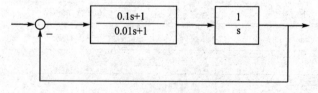

图 4.13　反馈控制系统框图

第一步,在 Simulink 窗口中选择 File→New 命令,创建一个 Untitled 空白窗口;

第二步,向窗口中放置建立结构图仿真模型所需的模块。

建立这个系统模型需要的模块包括阶跃信号源、传递函数环节、积分环节、加法器、输出模块。一般先将所需模块放置好,然后再连线。

双击打开信号源 Source 库,将阶跃信号源 step 模块从子库窗口拖到 Untitled 窗口。具体方法如下:将鼠标指针移到 step 模块上,按住鼠标左键,将它拖到新的窗口中,然后松开鼠标左键,完成复制。

　　采用同样的方法,将其他模块拖拽到 Untitled 窗口各模块所在的位置。其中,加法器 Sum 在 Math Operations 子库中;传递函数环节和积分环节在 Continues 库中;输出模块在 Sink 库中,若要在仿真过程中观察输出曲线则可选择示波器模块,若要在 MATLAB 中对输出曲线画图则可选择 To Workspace 模块。在同一个方块图模型中可选择多个输出形式。

　　各模块放置完成后,有些模块的参数还需要修改。双击打开该模块,可以显示其应用范围和需设置的参数。

　　对加法器的参数修改方法如下:双击打开该模块后,对话框如图 4.14 所示,将 List of signs 项的"＋＋"改为"＋－",单击 Apply 或 OK 按钮完成修改。加法符号可以用圆形或方形。

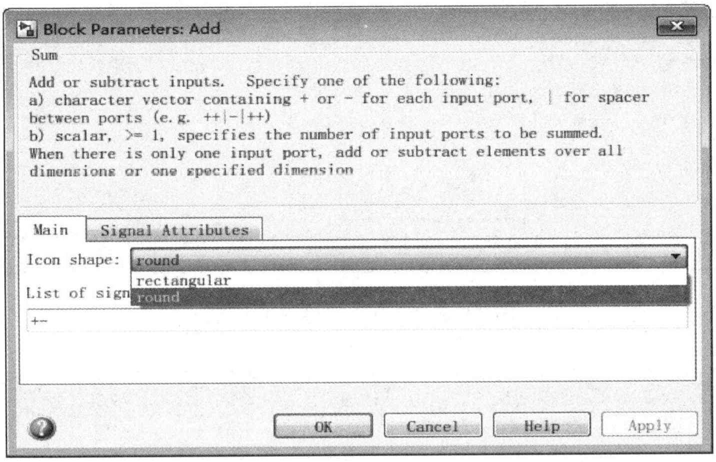

图 4.14　加法器修改对话框

　　对传递函数环节的修改方法如下:双击打开该模块后,对话框如图 4.15 所示,将 Numerator 项修改为[0.1　1],Denominator 修改为[0.01　1]。单击 Apply 或 OK 按钮完成修改。

　　在 Simulink 中,阶跃信号的阶跃发生时刻默认为 t＝1 s,如果需要将阶跃发生的时刻改为 t＝0 s,具体方法如下:双击打开该模块,将 Step time 从 1 改为 0(如图 4.16 所示),单击 Apply 或 OK 按钮完成修改。

　　第三步,将各个模块按图 4.13 所示顺序连接起来,构成一个闭环系统,如图 4.17 所示。模块之间的连接线是信号线,每根连接线都表示标量或向量信号的传输,连接线的箭头表示信号流向。连接线可以把一个模块的输出端口和另一个模块的输入端口连接起来,也可以利用分支线把一个模块的输出端口和几个模块的输入端口连接起来。

　　模块间添加连接线的方法如下:将鼠标置于某模块的输出端口上,即呈现出一个十字形光标,拖动十字光标至另一模块的输入端口,在两模块之间生成一条带箭头的连线,模块连线完成。

　　分支线的生成方法如下:单击信号线,移动鼠标指针对准信号线后即显示十字形光标,按住鼠标右键拖动后会生成信号线的一条分支线。按此方法,可生成多条分支线。

　　第四步,进行仿真。

　　在 Simulink 环境下,用数值积分进行动态系统的仿真运算,需要选择仿真方法、仿真步长、积分时间等各种参数。具体方法如下:选择 Simulation 下拉菜单中的 Simulation Parame-

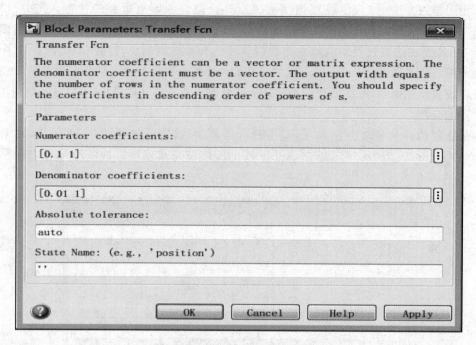

图 4.15　传递函数修改对话框

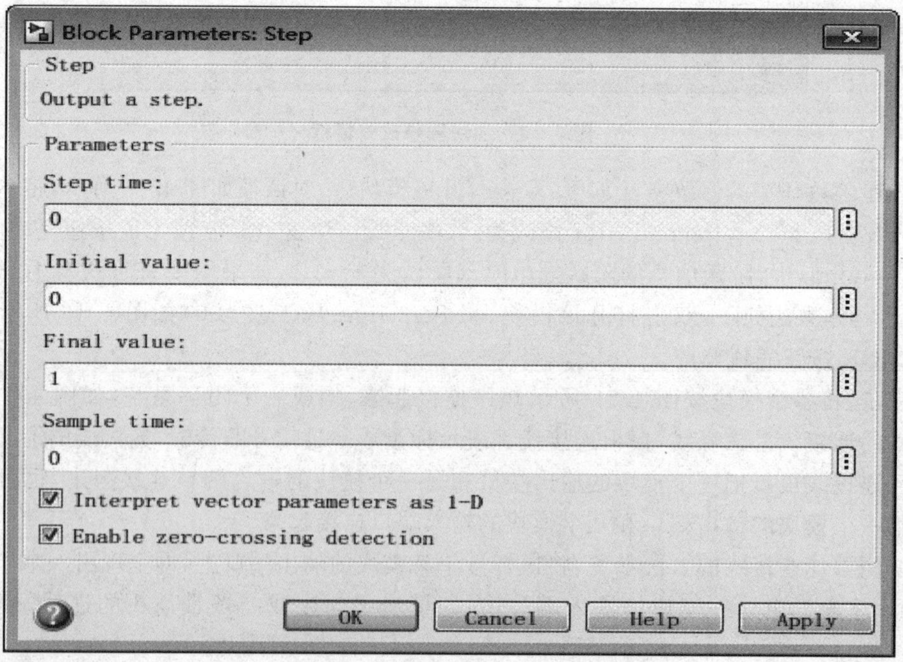

Block Parameters: Step

Step

Output a step.

Parameters

Step time:

0

Initial value:

0

Final value:

1

Sample time:

0

☑ Interpret vector parameters as 1-D
☑ Enable zero-crossing detection

OK　　Cancel　　Help　　Apply

图 4.16　阶跃信号定义对话框

ter 选项(如图 4.18 所示),Start time 为仿真开始时间,取为 0.0,Stop time 为仿真结束时间,取为 10.0 s,Solver 选 ode4 法(即 4 阶 Runge-Kutta 法)Type 选为,变步长。单击 Apply 或 OK 按钮完成修改。

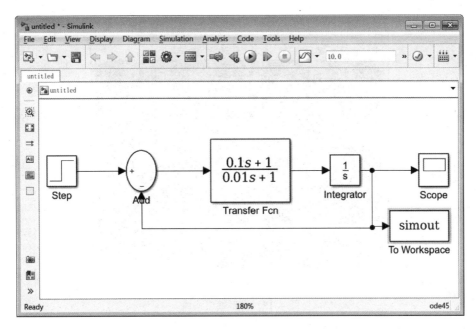

图 4.17 控制系统方块图模型

单击图 4.17 中工具按钮 ▶,进行仿真。在仿真过程中,输出量以曲线形式显示在示波器中,如图 4.19 所示。示波器上提供了工具按钮,可以对显示的曲线进行局部放大、横坐标放大、纵坐标放大、打印等操作。

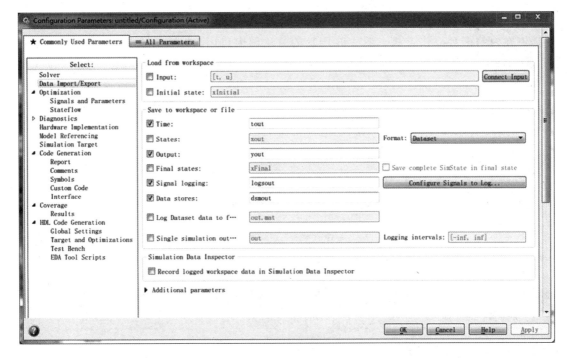

图 4.18 仿真参数修改对话框

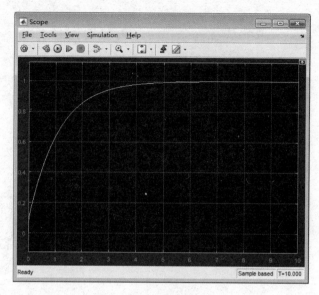

图 4.19　显示输出曲线

4.4　Simulink 仿真环境使用说明

4.4.1　菜单功能

　　与 Windows 环境下的其他软件类似,Simulink 仿真环境为使用者提供了包括菜单、按钮、快捷键在内的多种操作方式。图 4.5 所示的方块图窗口内,共有 File、Edit、View、Display、Diagram、Simulation、Analysis、Code、Tools、Help 共 10 个菜单。其中,View、Display、Diagram、Simulation、Analysis、Code、Tools 菜单是 Simulink 特有的,File、Edit 菜单中的部分选项是在 MATLAB 基础上添加的。表 4.5～表 4.13 所列为上述菜单的主要选项的功能说明。

表 4.5　File 文件操作菜单

菜单项	快捷键	功能说明
New	Ctrl＋N	创建新的 Simulink 文件窗口
Open	Ctrl＋O	打开已经存在的 Simulink 文件
Open Recent		打开最近的 Simulink 文件
Close Window	Ctrl＋W	关闭当前的 Simulink 窗口
Save	Ctrl＋S	保存当前的模型文件
SaveAs		将文件保存到另外的文件中
Simulink Project		Simulink 工程
Export Model to		将模型输出至……
Model properties		查看方块图模型的属性,包括建立时间、最后存储时间等
Print	Ctrl＋P	打印

续表 4.5

菜单项	快捷键	功能说明
Preference		对 Simulink 的字体、字号等界面属性进行设置
Simulink Preferences		设置 Simulink 环境
Exit MATLAB	Ctrl+Q	退出 MATLAB

表 4.6　Edit 编辑菜单

菜单项	快捷键	功能说明
Undo	Ctrl+Z	撤销操作
Redo	Ctrl+Y	恢复撤销
Cut	Ctrl+X	剪切选定的内容
Copy	Ctrl+V	将当前选定的内容拷贝到剪切板上
Paste	Ctrl+V	将剪切板上的内容粘贴到当前光标所在位置
Delete	Del	清除选定的内容
SelectAll	Ctrl+A	选择全部内容
Copy Current View to Clipboard		拷贝整个方块图模型到剪贴板
Find...	Ctrl+F	查找内容

表 4.7　View 操作菜单

菜单项	快捷键	功能说明
Toolbar		显示/关闭按钮条
Statusbar		显示/关闭状态条
Library Broser	Ctrl+Shift+L	浏览模型库
Zoom in	Ctrl++	放大图像
Zoom out	Ctrl+−	缩小图像
Model Explorer	Ctrl+H	打开模型浏览器
Property Inspector	Ctrl + Shift+I	属性检查
Back	Alt+Left	返回上一模块
Forward	Alt+Right	进入下一子模块
Up to Parent	Esc	返回父系统
Fit system to View	Space	填满目前窗口
Normal View	Ctrl+0	以 1∶1的比例显示方框图

表 4.8　Display 显示设置菜单

菜单项	快捷键	功能说明
Interface		显示全界面

续表 4.8

菜单项	快捷键	功能说明
Sample ime		仿真时间
Blocks	Ctrl+G	模块设置
Signals&Ports		信号及接口设置
Errors&Warnings		错误及警告设置
Remove Highlighting	Ctrl+Shift+H	移除高亮显示

表 4.9　Diagram 方框图样式菜单

菜单项	快捷键	功能说明
Refresh Blocks	Ctrl+K	刷新模块
Create Mask	Ctrl+M	创建掩码
Create subsystem	Ctrl+G	产生模块组
Flip block	Ctrl+I	模块输入输出口方向左右互换
Clockwise	Ctrl+R	模块按顺时针方向旋转 90°
Counterclockwise	Ctrl+Shift+R	模块按逆时针方向旋转 90°
Block Parameters		模块参数设置
Properties...		属性设置

表 4.10　Simulation 仿真操作菜单

菜单项	快捷键	功能说明
Update Diagram	Ctrl+D	更新方框图
Model Configuration Parameters	Ctrl+E	模型配置参数设置
Run	Ctrl+T	启动仿真
Stop	Ctrl+Shift+T	停止仿真
Mode		仿真模式设置
Data Display		数据显示设置
Output		输出设置
Debug		仿真调试

表 4.11　Analysis 数据分析操作菜单

菜单项	快捷键	功能说明
Linear Analysis…		线性分析
Frequency Response Estimation…		频率响应估计
Control System Designer…		控制系统设计
Control System Tuner…		控制系统调谐
Model Discretizer…		模型离散化

表 4.12　Code 代码操作菜单

菜单项	快捷键	功能说明
C/C++ Code		生成 C/C++代码
HDL Code		生成 HDL 代码
PLC Code		生成 PLC 代码
External Mode Control Panel		外部模式下控制器
Simulink Code Inspector		Simulink 代码检查器

表 4.13　Tools 常用工具菜单

菜单项	快捷键	功能说明
Library Browser		模型库浏览器
Model Explorer		模型浏览器

4.4.2　方框图模型的装饰

方框图模型中的每个环节或模块,都可以直接用鼠标或上述表中的命令进行装饰处理。

1. 模块的选定

选定一个环节,单击待选模块后,模块四个角即出现小黑块,表示模块被选定。如果要选择一组模块,那么首先按住鼠标左键拉出一个矩形虚线框,将所有待选模块包在其中,然后松开鼠标左键盘,则矩形框中的所有模块同时被选中。

2. 模块的移动

将光标置于待移动的模块图标上,然后按住鼠标左键将模块拖拽到合适的地方即可。模块移动时,它与其他模块的连线也随之移动。

3. 模块的删除、剪切和拷贝

选定一个模块,可以进行如下操作:

删除:按 Delete 键,可以将选定的模块删除;

剪切:选择 Edit 菜单中的 Cut 命令,可以将被选定模块移动到 Windows 的剪切板上,可用 Paste 命令重新粘贴;

拷贝:选择 Edit 菜单中的 Copy 命令,然后将光标移动到要粘贴的地方,再执行 Edit 菜单中的 Paste 命令,就会在选定的位置上复制出相应的模块。Simulink 本身带有一种更简单的复制操作:把待拷贝的模块拖到希望的位置后,松开鼠标右键,即完成拷贝工作。

4. 模块的翻转

为了能够顺序连接模块的输出端与输入端,有时需要将模块转向。在 Format 菜单中选择 Flip Block 即可旋转 180°,选择 Rotate Block 即可顺时旋转 90°。

5. 模块的命名

先单击需要更改的名称,然后直接更改即可,在 Format 菜单中选择 Flip Name 命令使名称在功能模块上的位置翻转 180°,若要隐藏模块名称则在 Format 菜单中选择 Hide Name 命令。

6. 颜色设定

在 Format 菜单中选择 Foreground Color 命令改变选中模块的字符及边框颜色,在 Format 菜单中选择 Background 命令改变选中模块的背景颜色,当前窗口的颜色可以在 Format 菜单中选择 Screen Color 命令设定。

7. 模块字体字号设置

在 Format 菜单中选择 Font 命令,可以设置选中模块的字体和字号。

8. 设定线的标签

在线上双击,即可输入该线的说明标签。

9. 改变线的粗细

在 Format 菜单中选择 Wide Vector Lines 命令,则线的粗细将随在线上传输的信号特性而变化,如果传输的为数值则为细线,如果传输的为向量则为粗线。

10. 建立线的分支

建立线的分支有三种方法:其一是按住 Ctrl 键,在要建立分支的地方按住鼠标左键拉出即可,其二是在要建立分支的地方按住鼠标右键拉出,其三是由输入端拉线到分支点。

图 4.20 所示为经过装饰处理的方框图模型。

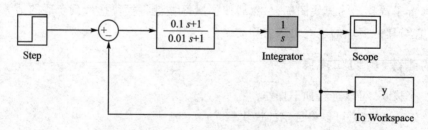

图 4.20　经过装饰处理的方框图模型

4.4.3　模块属性的改变

模块的属性分为两种:模块的标题和模块的内部参数。为满足自己的需要,那些被用户复制的标准模块的标题和参数常需要进行必要的修改。

1. 标题的修改

模块标题是指标识模块图标的字符串。修改时首先单击标题,使之增亮反显,然后输入新的标题(中西文均可),最后单击窗口中任意一个地方,修改完成。

2. 模块内部参数的修改

每个模块内部都有自己所需的参数,如定义一个传递函数模块,需要定义它的分子、分母多项式系数,或定义它的零点和极点等。建立模块框图后,运行仿真前,应当选择(或修改)该模块所有的参数。

例如,选定一个传递函数块:

$$G(s) = \frac{s+3}{s^2 + 2s + 3}$$

在 continuous 模型库中选定 Transfer Fcn,双击该模块即弹出该模块对话框,如图 4.21 所示。

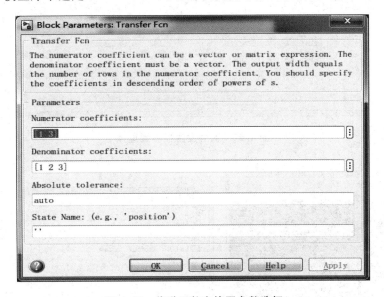

图 4.21　传递函数方块图参数选择

图 4.21 中显示了传递函数模块的参数选择项。其中 Denominator coefficients 项为传递函数的分母多项式系数向量,Numerator coefficients 项为传递函数的分子多项式系数向量,这些系数可以进行选择或修改,然后单击 Apply 或 OK 按钮即可。

又如,信号发生器的选择。在 Sources 模型库中选定 Signal Generator 模块,双击该模块,即弹出如图 4.22 所示对话框。可以选择波形,如 sine 波、方波等。可以选择信号的幅值(amplitude)、频率(frequency),频率单位可以选择弧度/秒(rad/sec)或赫兹(hertz)。选择完毕,单击 Apply 或 OK 按钮发即可。

4.4.4　演示示波器

示波器(Scope)连接在任意位置均可显示当前位置信号的时间响应波形。打开示波器模块后,显示其菜单和图形窗口,如图 4.23(a)所示。图 4.23(b)所示为示波器的参数设置,可以选择多个输入信号。

示波器其他菜单窗口包括缩放示波器中的曲线,可以按照用户需求放大曲线的 X、Y 轴某一部分;示波器的望远镜可以取图像的最大幅值、最大时间范围,显示全部结果。

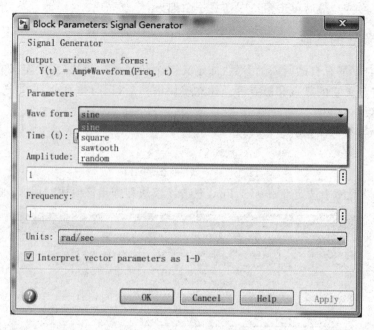

图 4.22　信号发生器参数选择

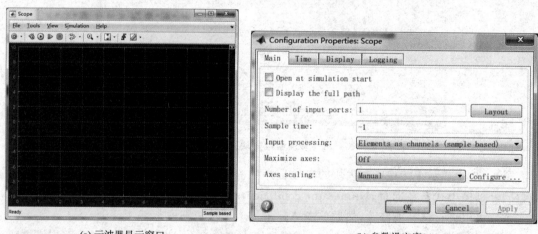

(a) 示波器显示窗口　　　　　　　　　　　　(b) 参数设定窗口

图 4.23　示波器显示与参数设定窗口

当示波器参数选择与 Simulink 中仿真参数设置一致时,才能完全显示用户期望的图形。例如,如果示波器上选定的仿真时间比仿真参数框选定的时间短,则分次显示后面部分;如果比仿真参数框选定的时间长,则仿真结束后的部分没有数值显示。如果示波器选定的范围比实际数值范围小,则不显示超出的实际数值。这时,用户可以在仿真结束后选择示波器的望远镜以得到全部仿真结果,或修改示波器 X、Y 轴范围。

如果选择了示波器的名称,则将在示波器左上角出现该名称。示波器显示的曲线可以直接打印输出。

4.5　仿真方法及计算步长的选择

4.5.1　仿真方法的选择

仿真方法的选择主要应考虑精度、计算速度、数值稳定性等因素。

1. 精度要求

应用数值积分法对连续系统进行数字仿真,其精度主要受截断误差、舍入误差和积累误差的影响,上述误差与数值积分方法、仿真步长、计算时间及所用的计算机精度等有关。在步长相同的情况下,积分方法的阶次越高,截断误差越小。在同阶方法中,多步法比单步法精度高,而其中隐式算法的精度又高于显式算法。因此,当需要较高的仿真精度时,可采用高阶的多步隐式算法和较小的步长,但是步长的减小必然会增加迭代次数和计算量,并增大舍入误差和积累误差。

总之,应当根据所要求的精度,合理地选择积分方法和阶数。在进行具体计算时,并不是方法的阶数越高,步长越小,效果就越好。经验表明,精度要求不高的问题最好用低阶方法来处理。

2. 计算速度

计算速度取决于计算步数及每步积分所需时间,而每步的计算时间又与积分方法有关,它主要取决于计算导数的次数。在数值解中,最费时的部分是积分变量导数的计算。四阶龙格库塔法每步需计算 4 次导数,费时较多;在典型的亚当姆斯预估校正法中,每步只要计算两次导数(预估一次,校正一次);而在显式亚当姆斯法中,每步只要计算一次导数就行了,计算速度明显加快。因此,在导数方程很复杂、计算量较大而且精度要求高的问题中,可采用亚当姆斯预估校正法。为加快计算速度,在积分方法已定的条件下,应在保证精度的前提下,尽量选用较大的步长,以缩短计算时间。

3. 数值稳定性

保证数值解的稳定性是进行数字仿真的先决条件,否则计算结果会出现发散现象,将失去真实意义。

连续系统的数字仿真实际上是将给定的微分方程变换为差分方程,从给定的初值开始,逐步进行迭代运算得到时间响应结果。因此,采用数值积分法求解稳定的微分方程时,应保持原系统的稳定性。但是,在计算机进行积分计算时,初始数据的误差及计算过程的舍入误差对后面的计算结果将产生影响,而且如果计算步长选择得不合理,则有可能使仿真出现不稳定的结果。因此,对每一种数值积分法都有必要讨论其稳定性问题。

差分方程的解与微分方程的解类似,均可分为通解和特解两部分。与稳定性有关的只是方程的通解,它取决于差分方程的特征根是否满足稳定性条件。一般来说,对某种数值积分法,多通过检验方程(Test Equation)$\dot{y} = \lambda y$ 分析其稳定性,得到一个步长与特征值乘积 $h\lambda$ 的取值范围。由于特征值是固有的,故该取值范围可为选择步长提供依据。

表 4.14 列出了主要数值积分法的稳定区域,其中改进欧拉法和隐式亚当姆斯法的稳定区指的是其校正公式的稳定区。

表 4.14 数值积分法的稳定区域($h\lambda$ 的取值范围)

方 法	1 阶	2 阶	3 阶	4 阶
欧拉法	$(-2,0)$			
改进欧拉法	$(-\infty,0)$			
龙格库塔法	$(-2,0)$	$(-2,0)$	$(-2.51,0)$	$(-2.78,0)$
显式亚当姆斯法	$(-2,0)$	$(-1,0)$	$(-6/11,0)$	$(-0.3,0)$
隐式亚当姆斯法	$(-\infty,0)$	$(-6,0)$	$(-3,0)$	$(-90/49,0)$

从数值解的稳定性来看,3 阶以下的隐式亚当姆斯法具有较好的稳定性,同阶的龙格库塔法的稳定性比显式的亚当姆斯法要好,例如 4 阶龙格库塔法的稳定区为 $h\lambda\in(-2.78,0)$,而 4 阶显式亚当姆斯法的稳定区仅为 $h\lambda\in(-0.3,0)$。所以,从数值稳定性方面考虑,最好避免使用显式亚当姆斯法。

刚性程度很大的系统应选择吉尔法。

综上所述,数值方法的选择有很高的灵活性,要根据具体情况而定。在导数计算量不大而精度要求较高时,4 阶龙格库塔法是很好的方法;当导数计算量较大时,可采用亚当姆斯预估校正法,刚性程度大的系统应选择吉尔法。

4.5.2 计算步长的选择

仿真步长的选择对于获得合理的仿真结果也很重要,步长过大会带来较大的截断误差,甚至出现数值不稳定现象。步长过小又会增加步数,使舍入误差累积,总的误差反而变大。所以仿真的总误差与步长的关系不是单调函数,而是一个具有极值的函数。如图 4.24 所示,并不是步长越小,精度越高,而是存在一个最佳步长。

因此,积分方法确定后,在选取积分步长时,需要考虑的一个重要因素就是仿真系统的动态响应。如果系统的动态响应快,导数变化剧烈,则应选取高阶的数值计算方法,而且步长也应取得较小。为了保证计算的稳定性,步长应限制在最小时间常数的数量级上,相当于最大特征值的倒数。例如,对于四阶龙格库塔法,步长的选择应满足 $h<2.78/|\lambda_{\min}|$,但为了

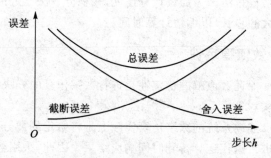

图 4.24 步长和误差的关系曲线

保证足够的计算精度,实际所选步长还应当小一些。

工程上通常用经验方法选取步长。其中一种方法是根据系统方程中的最小时间常数来确定步长,一般取

$$h=(0.2\sim 0.05)T_{\min}$$

式中,$T_{\min}$ 是系统中所有动态环节时间常数最小的那个。还有一种方法是根据系统开环频率

特性的剪切频率 ω_c 来确定步长,一般取

$$h = \frac{1}{(5 \sim 20)\omega_c}$$

上述经验公式表明,对于变化最快的系统模态,仿真时至少要在趋于稳定区间内采样 5～20 个点的数值,才能够保证不丢失系统信息,保证仿真不失真。

系统中与最小时间常数对应的极点只影响过渡过程起始段的形状,而过渡过程则主要由那些靠近虚轴的主导极点决定。由于固定步长是按照起始段来选取的,这就会造成后面阶段计算量的浪费。为解决这一问题,可采用变步长方法。例如,Runge - Kutta 仿真方法一直包括变步长算法和固定步长算法两种。一般在仿真初始阶段,响应量变化快,需要小步长;而随着仿真进入稳态,响应量变化很小,为了减小运算积累误差,一般采用大步长。在 Simulink 仿真菜单中,提供了步长选择,用户可以设置由 auto 算法自动选择步长,或当用户需要以某个步长仿真时,选择固定步长。最大步长与起始步长均由用户给定;如果选择了可变步长,则最大步长和起始步长变为"自动调整"(auto);如果选择了固定步长,则最大步长与初始步长都等于固定步长。

对大多数工程应用来讲,一般情况下误差不超过 0.5％即可满足精度要求,故通常采用固定步长的方法,即根据经验初步选择一个步长,然后通过仿真试探确定下来。

4.5.3　Simulink 中对仿真方法及步长的设置

为了求解不同的模型,Simulink 提供了几种微分方程数值解的算法以供选择。在给定的时间和初始条件下,通过数值积分算法可以计算每一步的解,并验证该解是否满足给定的容许误差,如果满足,则该解就是一个正确的解,否则就继续进行,直到得出的解满足要求为止。常用的积分算法有 6 个,用于解决一般问题及刚性方程问题,见表 4.15。

表 4.15　仿真算法

仿真算法	算法说明
discrete	离散系统,差分方程仿真
ode45	4 阶 Runge - Kutta 法,应用最广
ode23	2 阶 Runge - Kutta 法(相当于改进 Euler 法)。比 ode45 速度快,误差大
ode113	采用 Adams - Bashforth - Moulton 方法的变阶解法。比 ode45 有效,精度高
ode15s	Gear 法,用于解刚性方程的数值积分问题。当采用 ode45、ode113 无法解决时,可尝试采用 ode15s 求解
ode23s	采用修正的 Rosenbrock 2 阶解法,解决部分 ode15s 无法解决的刚性方程问题。ode23 比 ode15s 有效,误差大

仿真参数和算法应在仿真前设定。基本的仿真参数设定包括仿真的起始与终止时间、仿真步长、仿真算法及容许误差等。设置仿真参数时,在方框图模型窗口中选择 Simulation → Model Configuration Parameters 命令,即出现如图 4.25 所示的窗口。

1. 在仿真时间(Simulation time)中的选项

Start time——开始时间;

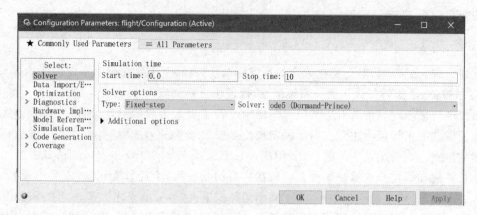

图 4.25   仿真参数选择窗口

Stop time——停止时间。

2. 在解题选项(Solver options)中的选项

(1) 变步长(Variable - step)

选择了可变步长,单击 Additional options,即进入如图 4.26 所示页面。

Configuration Parameters: flight/Configuration (Active)

★ Commonly Used Parameters   ≡ All Parameters

Select:
Solver
Data Import/E···
› Optimization
› Diagnostics
Hardware Impl···
Model Referen···
Simulation Ta···
› Code Generation
› Coverage

Simulation time

Start time: 0.0   Stop time: 10

Solver options

Type: Variable-step   Solver: auto (Automatic solver selection)

▼ Additional options

Max step size: 0.01   Relative tolerance: 1e-3

Min step size: auto   Absolute tolerance: 1e-3

Initial step size: auto   Shape preservation: Disable All

Number of consecutive min steps: 1

Zero-crossing options

Zero-crossing control: Use local settings   Algorithm: Nonadaptive

Time tolerance: 10*128*eps   Signal threshold: auto

Number of consecutive zero crossings: 1000

Tasking and sample time options

☐ Automatically handle rate transition for data transfer

☐ Higher priority value indicates higher task prio···

OK   Cancel   Help   Apply

图 4.26   可变步长选择页面

可变步长选择页面中的可选参数如下:

Max step size——最大步长;

Min step size——最小步长,可以是 auto,程序自动选择;

Initial step size——初始步长,可以是 auto,程序自动选择;

Relative tolerance——相对容许误差;

Absolute tolerance——绝对容许误差。

（2） 固定步长（Fixed - step）

如果选择固定步长,则需要输入仿真步长的数值。

在每一步的积分运算中,程序都会把解出的值与预期值相减得到误差 e,且必须满足 $e <= \max(\text{Reltol} * \text{abs}(y(i)), \text{AbsTol}(i))$ 时,才算是成功完成一个运算步骤。

3. 在输出选项（Output options）中的选项

Refine output——平滑的输出;如果选择了该项,可以选择后面的 refine factor（平滑参数）的数值。该数值越大,输出越平滑。

Produce additional output——产生附加输出;首先选定其 Output Times 的区间值,例如 [0:2] 代表 0～2 s,此时算法使用扩展公式（Continuous extension formular）算出比 Refine output 更多的值,它能使输出更平滑;

Produce special output only——只产生特殊输出。只在所设定的 Output Times 区间内产生输出。

4. 操作确认按钮

仿真参数设定框的下部为操作确认。包括:

Apply——确认用所修改的参数进行仿真;

Revert——恢复原来的参数进行仿真;

Close——关闭对话窗口;

Help——用于显示帮助信息。

由图 4.20 所示的 Simulink 方框图和采用可变步长得到的仿真结果分别如图 4.27 和图 4.28 所示。

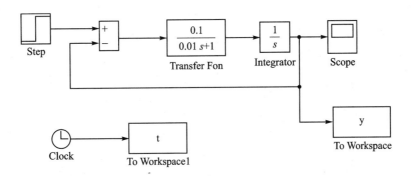

图 4.27　仿真方框图

另外,在仿真参数对话框中还将自动完成以下记录:

Workspace I/O——记录输入、输出到工作空间中的变量名;

Diagnostics——记录仿真中产生的错误信息;

RTW——记录该方框图对应的 C 代码文件名等。

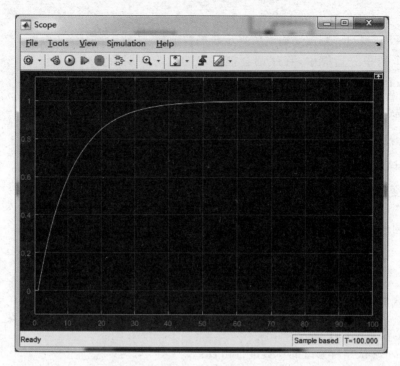

图 4.28　仿真结果

4.6　模块组与模块封装

模块组和模块封装技术是用以简化系统结构、提高集成化程度的一种有效方法。尤其对于复杂结构、多层次结构的系统仿真,如航空航天飞行器、多余度控制系统、多流程的工业控制系统等,结构图较为复杂。如果将所有环节都显示在一个图形中,则该图形将极为复杂,界面也不够用。这时,往往采用模块组方式,使其简化,结构清晰。

更进一步,如果将一个模块组封装起来,那么将把模块的具体内容包装起来,对外只显示模块的关键数据,供用户进行选择和修改。这样可以进一步简化仿真结构,更符合人的抽象思维,同时可以保护程序不被改动。下面分别进行介绍。

4.6.1　模块组的形成

下面以构成一个 PI 控制器为例,介绍模块组的形成方法。

PI 控制器包括积分环节、比例(增益)环节以及加法器。首先将这些模块按图 4.29 所示放置好,一般应有 in 和 out 模块。然后选中模块组所包含的模块,执行 Edit 菜单中的 Create subsystem 命令,即可形成如图 4.30 所示的模块组。

要查看模块组由哪些模块组成,只要双击模块组,即可弹出窗口显示其内部结构。

图 4.31 所示为 Simulink 给出的一个 DEMO,其主要部分由 4 个模块组构成,分别是 Controller(见图 4.32)、Aircraft dynamic model(见图 4.33)、Dryden Wind Gust Models(见图 4.34)。由于采用了模块组,使得整个模型功能划分明确,结构清晰,简化了仿真模型的结构。用户打开 DEMO 模块即可看到该模型。

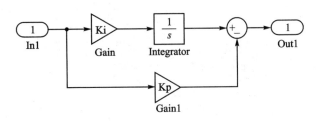

图 4.29　PI 控制器方块图

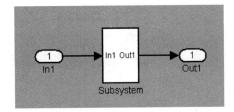

图 4.30　形成模块组

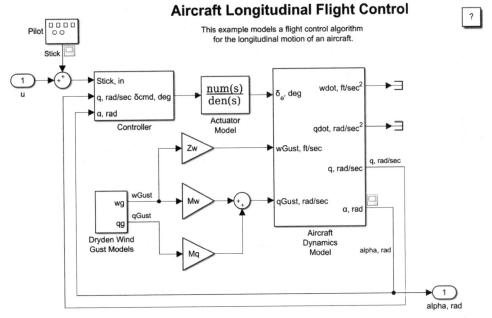

图 4.31　flight Control DEMO

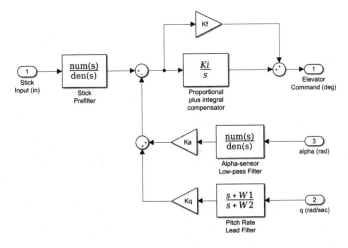

图 4.32　Controller 模块组内部结构

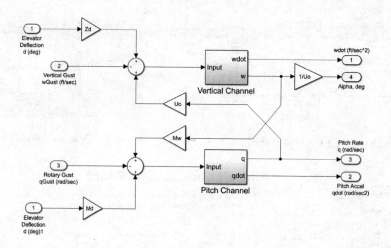

图 4.33　Aircraft dynamic model 模块组内部结构

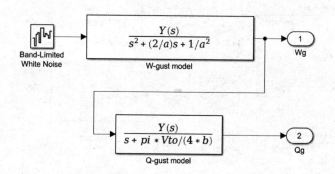

图 4.34　Dryden Wind Gust Models 模块组内部结构

　　复杂的动力学仿真系统一般都采用模块组的多层结构,可以分层次、详细、清晰地显示出系统的结构细节,便于用户修改和使用。

4.6.2　模块封装

　　利用 Simulink 的模块封装功能,用户可以自己定制模块的对话框和图标。采用模块封装的办法,有以下好处:

> 将用户与模块内容的复杂性隔绝开来;
> 提供一个描述性的、友好的用户接口;
> 保护模块的内容免受无意识干扰的影响。

　　对于具有一个模块以上的模块组来说,封装的一个重要用途是帮助用户创建一个对话框来设置或修改该模块组的关键参数,这样就可避免打开模块组中各个模块的对话框逐个输入参数的麻烦。

　　下面仍以图 4.29 所示的 PI 控制器为例,说明模块封装的方法。

　　在封装之前,先要构造一个模块组,如图 4.30 所示。然后,利用 Edit 菜单中的 Edit Mask 命令对模块进行封装。图 4.35 所示为封装对话框,包括 4 个选项卡,即 Icon、Parameter、Initialization 以及 Documentation。

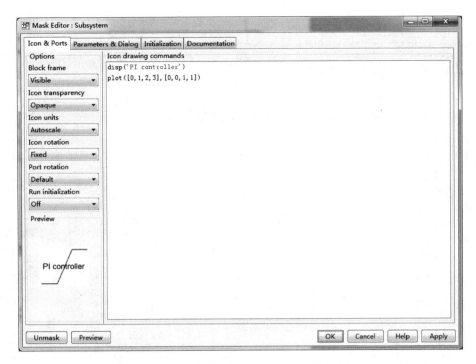

图 4.35　封装对话框(Icon & Ports 选项卡)

1. Icon & Ports 选项卡

Icon & Ports 选项卡可用于绘制图标,可利用 plot 命令来绘制曲线,调用格式为 plot(x, y),其中 x 为横坐标向量,y 为纵坐标向量。例如,在 Drawing commands 窗口键入命令"plot([0,1,2,3],[0,0,1,1])",将在模块表面显示 XY 轴图标;键入命令"disp('PI controller')",将在模块表面加上 PI 控制器名称,如图 4.36 所示。

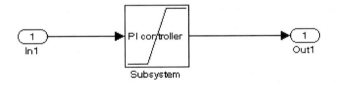

图 4.36　在模块上添加图标

2. Parameter 选项卡

Parameter 选项卡可定义模块的参数,单击 add/delete 按钮添加或删除参数。图 4.32 所示窗口左侧的 4 个图标分别为 add、delete、move up 及 move down,其功能分别是添加、删除参数,上、下移动参数的位置。单击 add 图标,界面中所显示的变量定义如下:

Prompt——输入变量的含义,其内容会显示在封装模块的输入提示中;

Variable——输入变量名称。

输入参数 ki 和 kp 后,界面显示如图 4.37 所示。

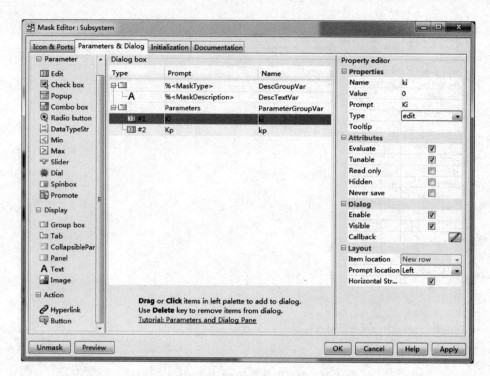

图 4.37　封装对话框(Parameter 选项卡)

3. Initialization 选项卡

Initialization 选项卡用于给出模块参数的初始化命令。本例中只有 ki 和 kp 参数,窗口显示如图 4.38 所示。

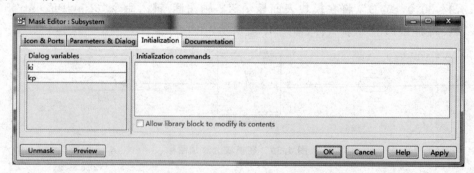

图 4.38　封装对话框(Initialization 选项卡)

4. Documentation 选项卡

Documentation 选项卡用于给出对封装模块的描述(Description)、帮助信息(Help)。其中:

　➤ Type 给出封装模块的名称;

　➤ Description 给出封装模块的描述,可以是文字或公式。

例如,键入 PI 控制器相关描述,如图 4.39 所示。

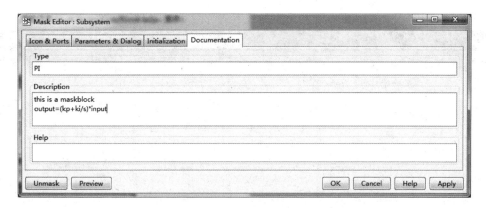

图 4.39　封装对话框(Documentation 选项卡)

封装完成后,图 4.29 所示的 PI 控制器成为一个图标,双击之后即弹出图 4.40 所示对话框。可见,此时 PI 控制器与模块库中提供的模块一样,可通过该对话框修改参数,这里输入 Ki 参数 0.1 以及 Kp 参数 1。

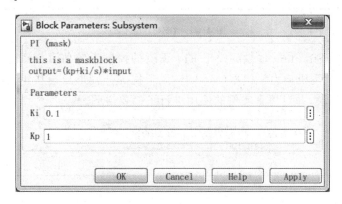

图 4.40　封装后模块修改参数对话框

至此,一个模块的封装就完成了。

对于封装后的模块若想修改其封装,只要选中该模块,然后利用 Edit→Edit mask 菜单命令即可打开图 4.35 的对话框,对模块封装重新进行定义即可。

利用 Edit→Look under mask 菜单命令可以查看封装后的模块的内部结构。

4.7　Simulink 仿真实例

4.7.1　Simulink 的 Demo 演示实例

在 MATLAB 指令窗口下键入 Demo 命令,可以打开 Simulink 的 Demo 窗口,查看各种例题应用的演示,如图 4.41 所示。每个例题中,都有系统仿真结构图,已设定各种仿真参数,只要单击 Simulation 中的 Start 命令,就可以看到系统仿真的结果(如时间响应过程等)。

用户可以通过这些例子了解、学习 Simulink 软件的使用方法,也可以在深入了解这些例题之后,根据自己的仿真任务需求,对其进行修改。

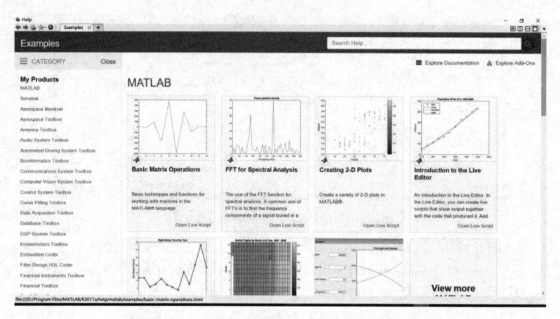

图 4.41　DEMO 窗口

　　图 4.42 所示为 Simulink 提供的关于 F14 飞机的控制系统仿真框图。在这个例子中,将控制器(Controller)、飞机动力学模型(Model)、风干扰等分别形成模块组,框图中还设计了帮助、信号发生器等模块,并对仿真实例的使用进行了简要说明。

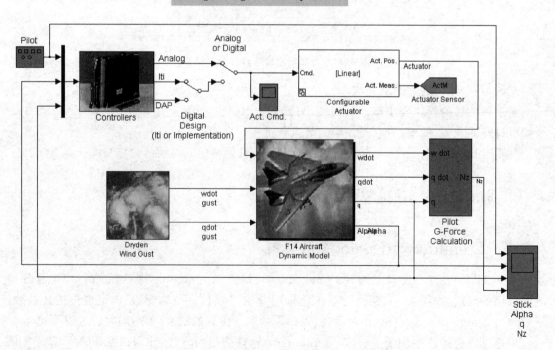

图 4.42　F14 高攻角数字飞行控制系统仿真框图

4.7.2　多速率计算机控制系统仿真

　　既包括连续被控对象又包括离散控制环节的计算机控制系统是相对复杂的系统仿真。连续被控对象需要用龙格-库塔法、欧拉法等积分方法进行仿真。采样步长要依据被控对象的动态特性确定(参见 4.5.2 小节给出的经验公式)。为了使被控对象的仿真不失真,仿真步长相对较小。而对于离散差分方程描述的控制器来说,其仿真步长是固定的,在控制器设计时就已确定。因此需要进行不同步长、不同算法的联合仿真。如果用户自行编制 MATLAB 程序进行仿真,则过程相对复杂;而 Simulink 通过构造方块图,提供了快速、便捷的建模和仿真方法。用户可以直接建立仿真方块图,并在每一个环节上设置需要的参数。

1. 单回路采样系统仿真

　　已知采样系统如图 4.43 所示,控制器采样周期 $T=1$ s,用 Simulink 求系统的单位阶跃响应。

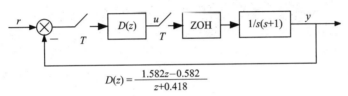

$$D(z) = \frac{1.582z - 0.582}{z + 0.418}$$

图 4.43　单回路采样系统框图

　　在 Simulink 中仿真时,需要注意:其离散模块库中的模块均隐含了采样开关和零阶保持器,所以在建模时,不要在框图中单独放置 ZOH 模块。单回路采样系统 Simulink 仿真模型如图 4.44 所示。

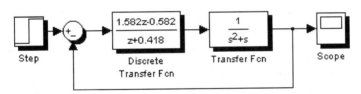

图 4.44　单回路采样系统 Simulink 仿真模型

　　选择可变步长、4 阶龙格-库塔法仿真,得到系统的阶跃响应曲线如图 4.45 所示。

2. 多采样速率系统仿真

　　图 4.46 所示为一个两采样速率系统框图,用 Simulink 进行仿真。在建立仿真模型框图时,需要修改离散传递函数模型的采样周期(如图 4.47 所示),分别将 Sample time 项改为 1 和 0.7。

　　仿真结果曲线见图 4.48,可明显看出采样周期不同时响应过程的差别。

3. 闭环多采样速率系统仿真

　　考虑一个复杂系统仿真,其方框图如图 4.49 所示。图中,控制律部分为离散子系统;广义被控对象为 2 阶连续子系统。其中一个作为反馈与控制律组合,需要采样,因此引入了零阶保持器。仿真步长设为 0.05 s,零阶保持器和控制器的步长都选择为 0.1 s。输入阶跃信号发生在 1 s 时,控制器输出 DF 和系统响应 Y 的仿真结果如图 4.50 所示。

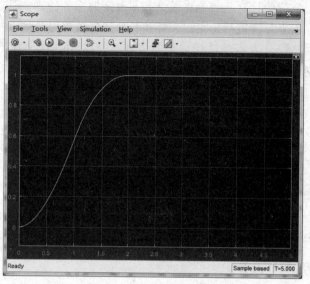

图 4.45 阶跃响应曲线

图 4.46 多采样速率系统框图

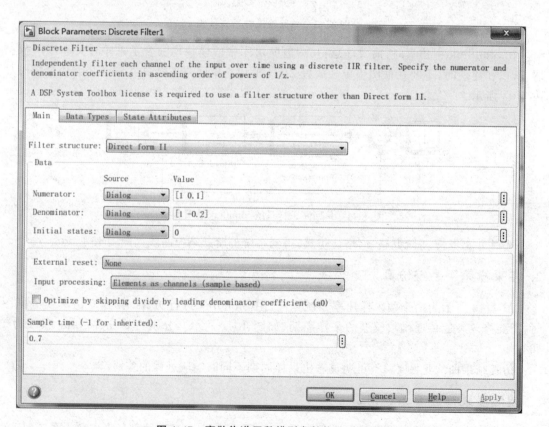

图 4.47 离散传递函数模型参数修改对话框

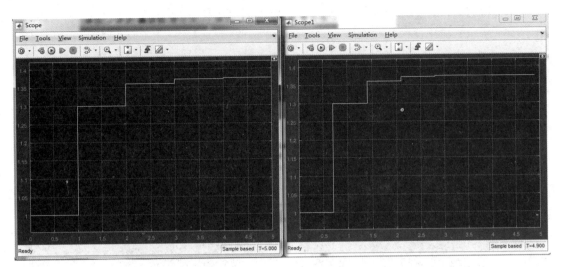

(a) 采样周期为1 s时   (b) 采样周期为0.7 s时

图 4.48 仿真结果

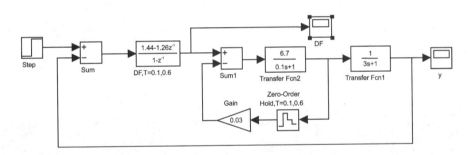

图 4.49 多采样速率系统仿真方块图

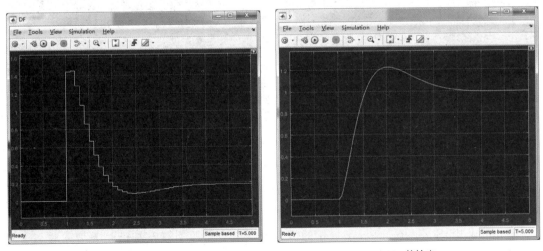

(a) DF的输出   (b) y的输出

图 4.50 仿真步长＝0.05，T＝0.1,DF(k),y(t)响应

如果设控制器步长为 0.6 s,速率反馈的零阶保持器步长不变,仿真步长不变,则响应结果如图 4.51 所示。控制器输出与系统响应都产生了振荡。

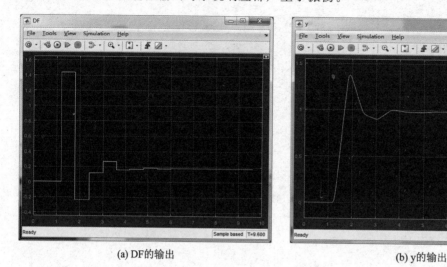

(a) DF的输出   (b) y的输出

图 4.51　仿真步长=0.05, T=0.6,Th=0.1, DF(k),y(t)响应

如果设控制器与零阶保持器步长都为 0.6 s,仿真步长不变,则响应结果如图 4.52 所示。控制器输出与系统响应都产生了更强烈的振荡。

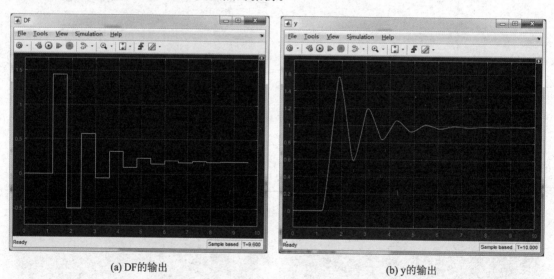

(a) DF的输出   (b) y的输出

图 4.52　仿真步长=0.05, T=Th=0.6, DF(k),y(t)响应

综上,任意选取不同的步长,Simulink 会自动将信号保持需要的时间间隔,进行仿真运算。对于不同的系统,采用不同的仿真步长,得到的结果是不同的。

Simulink 中,Simulation Parameter 的仿真步长应当按照连续系统的仿真要求设置。对于连续系统来说,一般要求设置较小的步长以保证不失真;而离散控制器步长是根据设计要求设置的。两者的选择对系统响应都有较大的影响。在选择步长时,应当充分考虑系统各环节的时间特性、闭环响应特性等因素,正确选择仿真步长和各离散环节的步长。关于如何选取合适的仿真步长,请参考有关数值积分和数字仿真的书籍。

4.7.3　仿真结构图的参数化

仿真方框图中的参数可以是实际数值,也可以是字母表示的变量名。用字母表示的变量可以在 MATLAB 的工作空间中赋值,或用 M 文件赋值,然后进行仿真运算。图 4.53 所示为一个带有多个环节和参数的伺服跟踪系统仿真方块图。图中采用了参数化结构,所有环节中的参数都用变量表示。所有参数都从一个 M 文件中经初始化赋值。

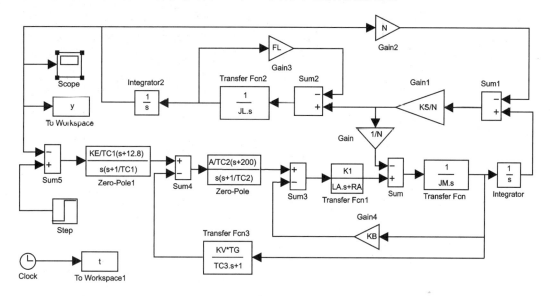

图 4.53　参数化仿真结构图

该 M 文件名为 run. m,内容如下:

```
% 设置参数
JL = 0.5; JM = 0.00000171;
KS = 4440;   KB = 0.04; KE = 27; K1 = 0.0275; KV = 0.049;
TC1 = 0.001; TC2 = TC1; TC3 = TC2; TG = 0.02865;
A = 56; N = 2500; RA = 9; LA = 0.004065; FL = 28.3;
thd = 10;
```

仿真时,打开方框图,运行该 M 文件即可开始仿真。设阶跃输入从 2 s 开始,输出变量和时钟都保存在工作空间。仿真结束后,利用命令 plot (t , y ,‘k’)可以得到输出响应(见图 4.54)。

仿真前后,都可以在工作空间中键入系统方框图中的某个变量名并加以修改,使用语句为 MATLAB 语句。注意:所有变量名都是全局变量。

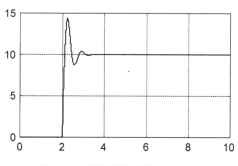

图 4.54　伺服跟踪系统输出响应

4.7.4　与 M 函数的组合仿真

如果仿真方框图中有复杂的非线性子系统或复杂的逻辑运算,而在 MATLAB 提供的所有工具箱中都找不到该子系统,则用户可以采取以下方式完成仿真。对于那些可以从 MATLAB 工具箱中找到其所有子环节的子系统,用户可以自己构造该环节方框图,并加以封装或模块化,装入 MATLAB 相应的工具箱,以备随时调用。对于那些具有特殊运算或特殊结构、无法构造的子系统,可以编制一个 M 函数,连接到方框图中。

1. 单环节用 M 函数实现

图 4.55 所示系统中有一个死区非线性环节是用 M 函数实现的。

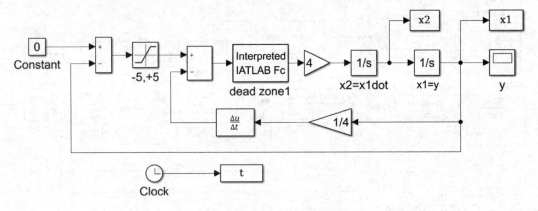

图 4.55　带有 M 函数的系统方块图

打开 M 函数(Interpreted MATLAB Fcn)对话框,如图 4.56 所示。键入要连接的 M 函

图 4.56　M 函数对话框

数文件名为 deadzone,它意味着在当前目录下有一个名为 deadzone.m 的 M 文件存在,仿真时调用该文件作为方框图中的子系统。

该 M 函数内容如下:

```
% dead zone function
function[y] = dead(x)
if x> = 1  y = 4;
elseif x< = -1  y = -4;
else y = 0;
end
```

该函数描述了一种死区+继电非线性特性,在 $-1 \leqslant x \leqslant 1$ 区间,输出 y 取值为 0,其他区间为 4 或 -4,符号与 x 的符号一样。死区非线性环节在 Simulink 环境中有相应的模块,也可以直接调用。

该系统仿真参数设置:输入信号幅值为 0,初始值 x1=-10(位置),x2=1(导数)。结果见图 4.57,表明了输出 x1 及其导数 x2 的时间响应;图 4.58 所示为该系统的相平面图,将 x1 作为自变量,显示其与 x2 的变化关系。

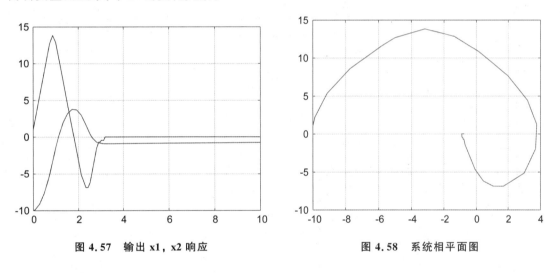

图 4.57　输出 x1, x2 响应　　　　　　　　　图 4.58　系统相平面图

对于更为复杂的非线性代数运算,难以搭建 Simulink 仿真方框图,可以通过一个 M 函数实现其功能。

2. 复杂飞行控制系统仿真

飞行控制系统包含了非线性飞行器状态方程、执行机构模型、传感器模型以及控制律模型等环节。每一个环节都是复杂的非线性系统,如果全部用 Simulink 方框图描述,系统会相当复杂,尤其是非线性飞机方程、气动参数的实时查询与插值运算;可以采用 M 函数实现其算法,结构上看来更为简洁,也便于修改。

以一个复杂的飞控系统为例,其方框图如图 4.59 所示。

其非线性飞机方程模块如图 4.60 所示。图中包含 7 个非线性运算模块:nonlinear non1~nonlinear non7,每个非线性模块都包含复杂的非线性预算。这些预算如果用 Simulink 方框图实现,就太复杂了,而采用 M 函数描述就要简单直接得多。如可以双击 nonlinear non2

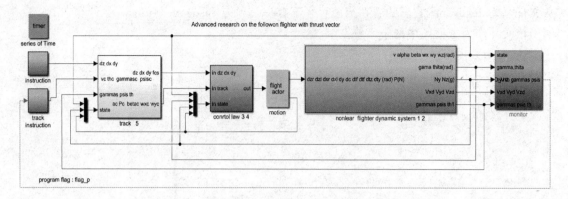

图 4.59　某飞行控制系统方框图

(Interpreted MATLAB Fcn),则弹出图 4.61 所示的对话框。

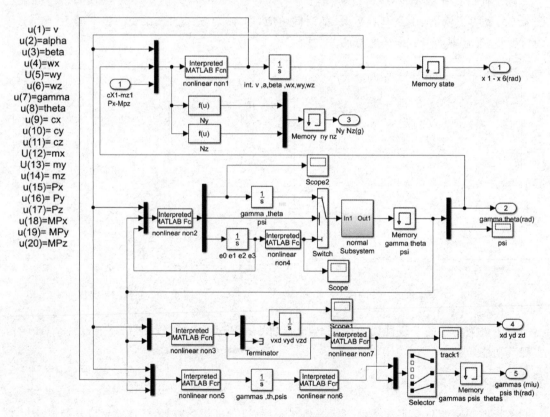

图 4.60　飞机方程方框图

由图 4.61 可知,该 M 函数有 8 个输出量。

Non2.m 文件的程序内容如下:

```
function[ ff ] = non2( in )
alfa = in(1); beda = in(2); wx = in(3); wy = in(4); wz = in(5);    % 定义输入变量
gama = in(7); thita = in(8);
% 防止出现 90°畸变点
```

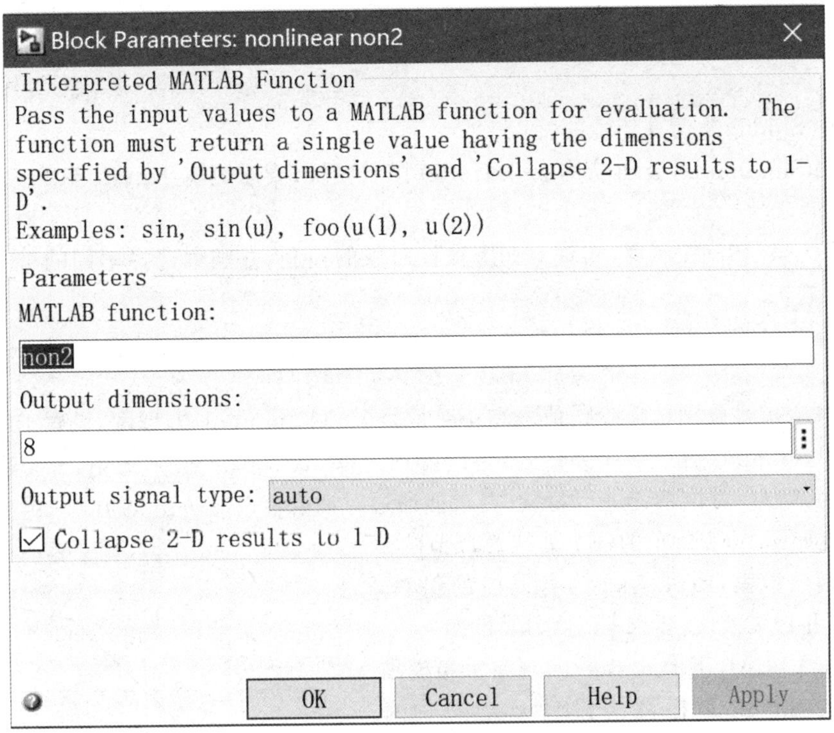

图 4.61　M 函数 non2 的对话框

```
if abs(abs(thita) − pi/2)< = 0.02
    if thita>0    thita = 89/57.3;
    else thita = − 89/57.3;
    end
end
if abs(abs(gama) − pi/2)< = 0.02
    if gama>0    gama = 89/57.3;
    else gama = − 89/57.3;
    end
end
% 计算飞行中的滚转角和俯仰角
gmsin = sin(gama);    gmcos = cos(gama);
thsin = sin(thita);    thcos = cos(thita);
ff(1) = wx − tan(thita) * (wy * gmcos − wz * gmsin);
ff(2) = wy * gmsin + wz * gmcos;
```

以上代码完成从飞行状态量到姿态角的非线性运算,运算中包含了条件语句和运算语句,实现了多输入/多输出信号间的非线性运算。

该飞行控制系统的其他子系统的运算更为复杂,但输入/输出方式与格式都相同,这里不再赘述。

利用 M 函数还可以实现对飞行器的控制系统部件的在线故障检测、诊断与隔离,以及神经网络控制、复杂非线性控制等很多功能,其应用前景是极为广阔的。

习 题

1. 简述 Simulink 仿真环境的特点。

2. 利用 Simulink 封装功能构成一个 PID 控制模块,要求具有 Kp、Ki、Kd 三个可修改的参数。

3. 设计一个 PID 控制器,实现对如下被控对象的控制,并观察选择不同的 PID 系数对控制效果的影响:

$$G(s) = \frac{10}{s^2 + s + 10}$$

其中,系统输入信号分别选择阶跃信号和正弦信号(绘制 Simulink 方框图,设置 PID 参数)。

4. 利用 Simulink 建立一个系统,该系统方程为 $y = ax^3 + bx + c$。式中,x 为输入,y 为输出,a、b、c 为常数。对该系统进行封装,要求能通过对话框修改 a、b、c 的值。

5. 创建如图 4.62 所示的一个非线性环节的 S 函数和 M 函数模型,k1、k2、k3 为各线段的斜率。创建子系统并封装模块,要求 k1、k2、k3 可调。

6. 在 MATLAB 下键入 sltank,观察水箱模糊控制系统的 Simulink 框图的设计及动态仿真结果。

（1）注意 PID 控制器、模糊控制器及 S 函数所起的作用。

（2）通过 Edit 菜单下的 Look Under Mask 命令观察封装模块 PID、VALVE 及 WATER TANK 各自的构成。

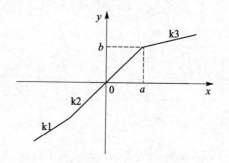

图 4.62　分段非线性函数

7. 一个两速率两回路数字调速系统如图 4.63 所示。输入为单位阶跃信号,T1=0.08 s,T2=0.04 s,连续部分的计算步长 h=0.01 s。利用 Simulink 求零初始状态系统的 d0、d1、x1 和 y。

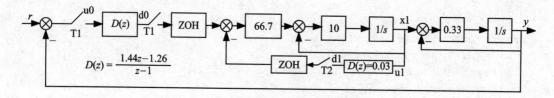

图 4.63　两速率两回路数字调速系统

8. 已知 Apollo 运动轨迹 (x, y) 满足以下方程:

$$\ddot{x} = 2\dot{y} + x - \frac{\mu^*(x+\mu)}{r_1^3} - \frac{\mu(x-\mu^*)}{r_2^3}, \quad \ddot{y} = -2\dot{x} + y - \frac{\mu^* y}{r_1^3} - \frac{\mu y}{r_2^3}$$

其中,$\mu = 1/82.45$,$\mu^* = 1 - \mu$,$r_1 = \sqrt{(x+\mu)^2 + y^2}$,$r_2 = \sqrt{(x-\mu)^2 + y^2}$。

初始条件:$x(0) = 1.2$,$y(0) = 0$,$\dot{x}(0) = 0$,$\dot{y}(0) = -1.049$。

试求：

（1）用 MATLAB 函数构造导数，编制 M 程序仿真，绘制 Apollo 的位置(x,y)的轨迹曲线。

（2）用 Simulink 方框图进行仿真，所有参数用 M 文件输入，绘制 Apollo 的位置(x,y)的轨迹曲线。

（3）用 Simulink 方框图和 S 函数进行仿真，绘制 Apollo 的位置(x,y)的轨迹曲线。

第5章　MATLAB 综合应用实例

目前,MATLAB 软件的应用在国内外日益广泛,应用范围愈来愈大,综合应用的程度愈来愈高。MATLAB 已经被应用于解决愈来愈复杂的工程问题。本章在前面各章内容的基础上,给出一些将 MATLAB、Simulink 和其他软件(如 ADAMS 软件)结合得更为综合的应用例题,可以进一步开阔思路,便于读者将 MATLAB 应用于更为广阔的领域。

5.1　大量数据的处理

已知由实验获得了一组随时间变化的数据,该组数据具有 12 539 行 11 列。如果只需要对其中的几列进行处理,则可以采用矩阵的块运算操作。

该组数据可以通过 save 和 load 命令产生 data. mat 的文件,数据格式如下(仅显示 6 行 6 列):

0	0	0	0	0.0731198	0
0.01	0.000113758	0.00449437	2.79274e－05	－0.1828	－8.58307e－05
0.02	0.000347212	0.0122535	0.000113279	－0.10968	－0.000233933
0.03	0.000559885	0.0159626	0.000255403	－0.0731198	－0.000304482
0.04	0.000865551	0.022145	0.000443775	－0.237641	－0.000421776
0.05	0.00125478	0.029043	0.000702652	－0.310764	－0.00055213

对于这样大量的数据,最好的方式是先将其定义为矩阵。在数据文件上直接加入 a＝[ ] 的矩阵符号,将所有数据框起来,定义为一个矩阵:

$$
a=\begin{bmatrix}
0 & 0 & 0 & 0 & 0.0731198 & 0 \\
0.01 & 0.000113758 & 0.00449437 & 2.79274e－05 & －0.1828 & －8.58307e－05 \\
\vdots & \vdots & \vdots & \vdots & \vdots & \vdots \\
125.38 & 0.280041 & －0.010915 & 20.6834 & －0.255922 & 20.4033
\end{bmatrix};
$$

注意:一定要在最后加入";"号,否则运行时将会显示所有的数据。设处理数据的文件名为 opr. m。其中第一列为数据采集的时间数组,如果只想看到第 3 列和第 7 列的数据随时间的变化,则可编制并运行下面的程序:

```
data                         % 先运行 data.m 获得矩阵 a
[n,m] = size(a)              % 显示 a 的行数和列数
time = a(:,1);               % 取第 1 列数据,定义为 time
wz = a(:,3);                 % 取第 3 列数据,定义为 wz
fz = a(:,7);                 % 取第 7 列数据,定义为 fz
subplot(211),plot(time,fz)   % 绘图 time 和 fz,即 fz 的时间响应曲线
subplot(212),plot(time,wz)   % 绘图 time 和 wz,即 wz 的时间响应曲线
```

结果如图 5.1 所示。

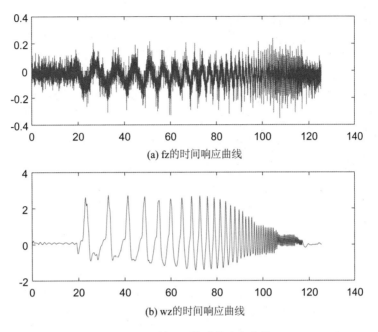

(a) fz的时间响应曲线

(b) wz的时间响应曲线

图 5.1　fz 和 wz 的时间响应曲线

通过将数据定义为矩阵,进行块操作,可以简单处理大量的数据。

5.2　证明欧拉矩阵为 Hermit 矩阵

在飞行器机(弹)体坐标系与地面惯性坐标系的描述中,经常用到欧拉矩阵。欧拉矩阵通过飞行器的俯仰角、滚转角和偏航角可以将飞行器姿态运动的描述从惯性系转换到机(弹)体坐标系,它的逆矩阵可以进行相反的转换,完成从机(弹)体到惯性系的转换。地面(惯性)坐标系到机(弹)体坐标系的欧拉转换矩阵如下:

$$A_{dm \to dt} = \begin{bmatrix} \cos\vartheta\cos\varphi & \sin\varphi\cos\vartheta & -\sin\vartheta \\ \cos\varphi\sin\vartheta\sin\phi - \sin\varphi\cos\phi & \sin\varphi\sin\vartheta\sin\phi + \cos\varphi\cos\varphi & \cos\vartheta\sin\phi \\ \cos\varphi\sin\vartheta\cos\phi + \sin\varphi\sin\phi & \sin\varphi\sin\vartheta\cos\phi - \cos\varphi\sin\phi & \cos\vartheta\cos\phi \end{bmatrix}$$

其中,ϑ、ϕ、φ 为机(弹)体坐标系与地面坐标系间的姿态角,ϑ 为俯仰角,ϕ 为倾斜角,φ 为偏航角,也统称为欧拉角。

矩阵 A 如果满足 A' = A⁻¹,则该矩阵称为一个 Hermit 矩阵。对该矩阵的运算可以通过求它的转置来获得它的逆矩阵,由此可以大大简化运算,节省运算的时间。欧拉矩阵是一个 Hermit 矩阵,可以通过下面的程序来证明:

```
% 定义欧拉矩阵
a = sym('[cos(th) * cos(ps),sin(ps) * cos(th), - sin(th);cos(ps) * sin(th) * sin(fy) - sin(ps) *
cos(fy),sin(ps) * sin(th) * sin(fy) + cos(ps) * cos(fy),cos(th) * sin(fy);cos(ps) * sin(th) * cos(fy) +
sin(ps) * sin(fy),sin(ps) * sin(th) * cos(fy) - cos(ps) * sin(fy),cos(th) * cos(fy)]');
% 取 a 的转置矩阵
```

键入

```
a1 = a.'    % 取 a 的转置矩阵 a1
```

结果如下：

```
a1 =
  [ cos(ps) * cos(th), cos(ps) * sin(fy) * sin(th) - cos(fy) * sin(ps), sin(fy) * sin(ps) + cos(fy)
* cos(ps) * sin(th)]
  [ cos(th) * sin(ps), cos(fy) * cos(ps) + sin(fy) * sin(ps) * sin(th), cos(fy) * sin(ps) * sin(th)
- cos(ps) * sin(fy)]
  [          -  sin ( th ),                              cos ( th ) *  sin ( fy ),
cos(fy) * cos(th)]
```

键入

```
p = a * a1;                    % 如果 a * a' = I,则 a' 是 a 的逆矩阵
pp = simplify(p)               % 简化矩阵
```

运行该程序,可得结果如下：

```
pp =
    [ 1, 0, 0]
    [ 0, 1, 0]
    [ 0, 0, 1]
```

以上结果表明:欧拉矩阵乘以自己的转置矩阵,结果为单位矩阵;欧拉矩阵的逆矩阵可以用它的转置矩阵代替。

5.3　基于符号语言的线性系统离散化

已知传递函数 $d(s) = \dfrac{1}{0.01s^2 + 0.08s + 1}$,采样周期 $T = 0.1$ s,求 Tustin 变换后的离散传递函数。

解：Tustin 变换式为 $s = \dfrac{2}{T} \cdot \dfrac{z-1}{z+1}$,可以直接将 s 与 T 的关系代入 $d(s)$ 得到变换后的式子。采用第 3 章中介绍的数值方法可以直接代换完成,但需要推导系数多项式和结果表达式;而利用 MATLAB 的符号语言编制程序完成更快,而且不容易出错。程序如下：

```
a = 0.01;b = 0.08;T = 0.1;              % 定义传递函数 d(s)的参数和采样周期
d = sym('1/(a * ss^2 + b * ss + 1)');   % 定义连续传递函数 d(s)的符号表达式,结果
d =
1/(a * ss^2 + b * ss + 1)
```

用 ss 代替传递函数中的 s,得到 $d(\mathrm{ss}) = \dfrac{1}{a * (\mathrm{ss})^2 + b * (\mathrm{ss}) + 1}$,形式与 $d(s)$ 相同,其中的数值参数换成了符号 a 和 b,变量 s 换成了 ss。

键入

```
s = sym('2/T * (z-1)/(z+1)');           % 定义 tustin 变换式
```

得到

```
s =
(2 * (z - 1))/(T * (z + 1))
```

即为上述 Tustin 变换式的符号表达式。进一步键入

```
ss = subs(s)              % s 表达式中代入 T 的数值
```

得到

```
ss =
(20 * (z - 1))/(z + 1)
```

由于 T=0.1,代入 s 表达式,得到了 ss 表达式。键入

```
dz = subs(d)              % d 表达式中代入 tustin 变换式
```

得到

```
dz =
1/((8 * (z - 1))/(5 * (z + 1)) + (4 * (z - 1)^2)/(z + 1)^2 + 1)
```

该表达式比较复杂,进一步简化,键入

```
xx = simplify(dz)              % 化简符号表达式
```

得到

```
xx =
(5 * (z + 1)^2)/(33 * z^2 - 30 * z + 17)
```

这就是代入 Tustin 变换后的离散系统传递函数。进一步可以得到分子分母多项式,键入:

```
[n1,d1] = numden(xx)              % 求分子分母表式
```

得到

```
n1 =
5 * (z + 1)^2
d1 =
33 * z^2 - 30 * z + 17
```

进一步可以得到首一分母多项式,键入

```
nn = n1/33          % 求出常数项,显示分子多项式
dd = d1/33          % 显示首一分母多项式
```

显示如下离散传递函数:

```
d(z) = nn/dd
```

得到

```
nn =
(5 * (z + 1)^2)/33
dd =
z^2 - (10 * z)/11 + 17/33
```

最后得到了离散后的传递函数(分母多项式为首一表达形式)。

nn 和 dd 都是符号表达式,要想得到可以进行运算的多项式形式,可以利用命令:

```
n2 = sym2poly(nn)              % 分子符号表达式变为多项式形式
d2 = sym2poly(dd)              % 分母符号表达式变为多项式形式
```

得到

```
n2 =
    0.1515       0.3030      0.1515
d2 =
    1.0000      − 0.9091     0.5152
```

如果要看到这个传递函数,键入

```
chuan1 = tf(n2,d2)            % 显示传递函数
```

结果如下:

```
chuan1 =
    0.1515 s^2 + 0.303 s + 0.1515
    −−−−−−−−−−−−−−−−−−−−−−−−−−−
      s^2 − 0.9091 s + 0.5152
```

上式显示的是 s 表示的传递函数,实际应为离散系统的 z 传递函数:

$$d(z) = \frac{0.151\,5z^2 + 0.303z + 0.151\,5}{z^2 - 0.909\,1z + 0.515\,2}$$

5.4 系统二次型最优设计与仿真

已知某型飞机在高度 $H = 18\text{ km}$,马赫数 $Ma = 2.0$ 时的纵向短周期状态方程:

$$\dot{x}(t) = Ax(t) + Bu(t), \quad y(t) = x(t)$$

式中,$x = (\alpha, \omega_z)^T$,状态量为迎角和俯仰角速率;$u = \sigma_e$,控制量为升降舵偏转角。试利用二次型最优控制原理设计增稳控制器,改善飞行器纵向短周期模态的特性。给定的飞行器数据如下:

$$A = \begin{bmatrix} -0.281\,5 & 1 \\ -9.821\,5 & -0.346\,1 \end{bmatrix}, \quad B = \begin{bmatrix} -0.015\,46*2 \\ -3.234\,16*2 \end{bmatrix}$$

矩阵 B 的元素 $*2$ 是由于左、右两个舵机在纵向控制中需要同向偏转,因此将两个舵机的操纵效率乘以 2。下面的程序可以完成全部系统设计与分析的内容:

```
a0 = [ − 0.28154,      1.0;
       − 9.82145,    − .34605];           % 定义系统 A,B 矩阵
b0 = [ − .01546 * 2;
       − 3.23416 * 2];
e = eig(a0);                             % 求系统开环特征值
```

得到系统开环特征值如下:

```
e =
  − 0.3138 + 3.1338i
  − 0.3138 − 3.1338i
```

取二次型加权阵：

```
q = [50 0 ;
      0 10];                    % 进行最优设计,给定加权矩阵 Q,R,正定矩阵
r = [100];
[kopt,p,e1820] = lqr(a0,b0,q,r);    % 完成 LQR 设计,得到最优反馈增益 kopt 和闭环特征值
```

得到最优反馈增益如下：

```
kopt =
    - 0.0867    - 0.3001
```

闭环特征值如下：

```
e1820 =
    - 1.2858 + 3.0468i
    - 1.2858 - 3.0468i
```

　　由结果可知,闭环特征值比开环特征值的实部绝对值增大了,更加远离原点,表明系统闭环响应比开环响应收敛更快。给定仿真初始条件迎角的初始扰动值：

```
alfa0 = 10/57.3;        % 定义迎角扰动初值,取弧度值
```

得到

```
alfa0 =
    0.1745              % 单位为弧度
```

　　对飞机短周期设计结果的仿真方框图如图 5.2 所示。

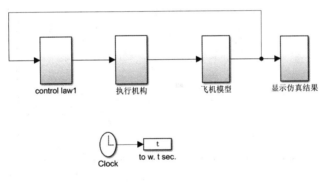

图 5.2　飞机纵向短周期仿真图

　　执行机构模块 $20/(s+20)$ 是升降舵舵机模型,带有速率限制和偏转角度限制,如图 5.3 所示。

　　飞机模型由两个积分模块分别完成迎角和俯仰角速率的初值设置和积分功能,如图 5.4 所示。

　　单击积分模块,可以设置积分元件的初值(如图 5.5 所示),选择迎角和俯仰角速率的初值分别为 alfa0 和 0。

　　控制律模块实现最优状态反馈,如图 5.6 所示。

　　单击模块 u＝kx 可以设置最优反馈增益矩阵 kopt * (－1)实现负反馈(如图 5.7 所示),完成与输入的状态变量相乘的功能。

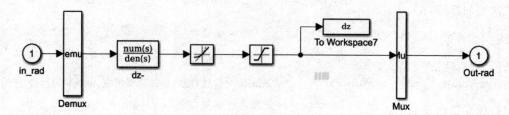

图 5.3　执行机构模块

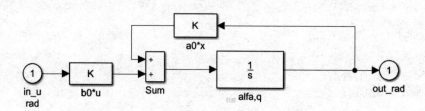

图 5.4　飞机模型

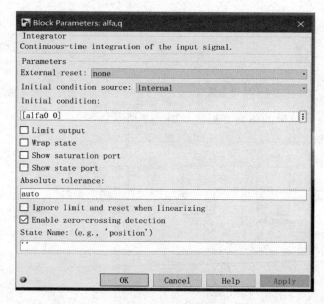

图 5.5　初值设置

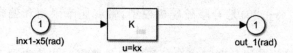

图 5.6　控制模块

　　通过设置该模块增益为零或为－kopt 可以分别仿真开环和闭环响应。

　　显示仿真结果模块如图 5.8 所示。将迎角和俯仰角速率乘以 57.3 得到角度值,用示波器显示其响应过程,也可以定义变量输出到工作空间,保存该变量,以便于后期处理。

　　仿真时首先键入

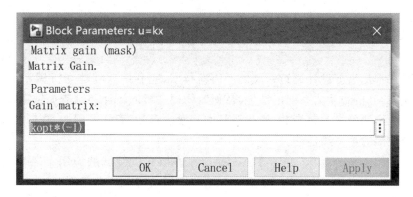

图 5.7　最优反馈设置模块

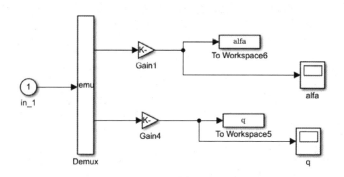

图 5.8　显示模块

```
alfa0 = 10/57.3              % 设初值为 10 度,单位为弧度
```

选择仿真参数:仿真时间 10 s,可变步长。运行该仿真程序,利用 plot 命令将开环与闭环同一变量仿真获得的结果绘制在一张图上,如图 5.9 所示。

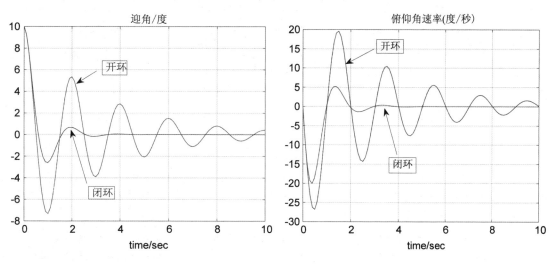

图 5.9　系统开环与闭环响应

从响应结果来看,迎角和俯仰角速率的开环响应振荡较大,其闭环响应比开环响应收敛加快了。

5.5　与 ADAMS 联合的虚拟样机设计应用

　　虚拟样机技术是当前设计制造领域的一门新技术,它利用软件建立机械系统的三维实体模型和力学模型,分析和评估系统的性能,从而为物理样机的设计和制造提供参数依据。虚拟样机设计可以在早期确定关键参数,简化产品的开发过程,缩短开发周期,降低设计成本,提高产品质量以及产品的系统级性能。

　　本节以两轴稳定平台为例,介绍 MATLAB 在虚拟样机领域的应用。MATLAB 在控制领域具有十分重要的应用,可以方便地对控制系统建模、设计、仿真和分析;ADAMS 是目前比较常用的一种虚拟样机工具软件,它可以方便地建立机械系统的模型,分析和评估机械系统性能。采用 ADAMS 的接口可以将机械模型导出,在 MATLAB 的 Simulink 环境中导入机械模型,实现机电系统的机械-电气联合设计、仿真和分析验证。

　　本节的讲述基于 ADAMS 2016 版本和 MATLAB R2017a 版本。

5.5.1　系统的初步设计

1. 系统分析与结构设计

　　两轴稳定平台在导引头、雷达天线等系统中具有重要的应用。它是一个两自由度框架结构,内框可以俯仰运动,外框可以方位运动,其示意图见图 5.10。

　　根据任务需求,两轴稳定平台的负载质量约为 400 g,采用悬挂法近似测量其重心位置,便于在机械建模时确定负载的装卡位置。考虑到加工工艺和强度等因素,内框采用钢板焊接而成,为方桶形结构,内框轴水平;为了减轻整个系统质量,外框采用铸铝 U 型半框结构,外框轴垂直;基座采用铸铝圆柱形结构。根据负载尺寸初步设计内框、外框和基座的尺寸大小,并预留出足够的空间装配内框和外框的驱动电机、测速机和电位器等部件。这里的内框电机、测速机和电位器分别对称安装在外框两侧,并考虑实际配重等情况;外框电机、测速机和电位器都安装在基座内部,基座为空心结构。

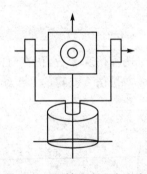

图 5.10　两轴稳定平台示意

2. 关键部分数学建模

　　系统的机械框架部分可以采用 ADAMS 软件直接建模,并分析辨识,得到关键参数,因此不必在系统设计的前期对机械框架部分进行数学建模。对于系统的驱动部分——电机,需要根据其特性进行数学建模。

　　内框驱动电机和外框驱动电机均采用直流力矩电机,其建模方法一致。直流力矩电机特性示意图如图 5.11 所示,其数学模型结构框图如图 5.12 所示。其中:U_c 表示控制电压;U_a、L_a、R_a、i_a 分别表示电机的电枢电压、电枢电感、电枢电阻和电枢电流;J 为电机的转动惯量(包括转动体、轴承内圈、转动轴、轴套、测速机、同步感应器以及被测试件折合到电机轴上的转动惯量等);D 表示电机和负载的粘性阻尼系数;k_u 为功率放大器的放大倍数;k_m 为电机的电磁力矩系数；k_e 为电机的反电势系数；θ 为输出转角。

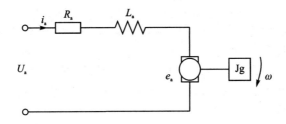

图 5.11　直流力矩电机特性示意图

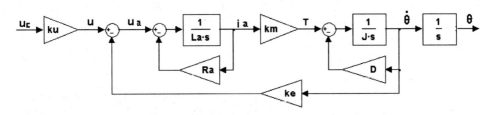

图 5.12　直流力矩电机理想数学模型结构框图

被控对象的传递函数如下：

$$\frac{\theta}{U_c} = \frac{k_m k_u}{(L_a \cdot s + R_a)(J \cdot s + D) + k_m k_e} \cdot \frac{1}{s}$$

5.5.2　机械系统的建模与分析

1. 建立机械模型

(1) 启动 Adams View 并设定建模环境

在 Windows 环境下启动 Adams View，新建一个名为 daoyin 的机械模型。设置单位：长度为毫米(mm)；质量为千克(kg)；力为牛顿(N)；时间为秒(s)；角为度(°)；频率为赫兹(Hz)。设置图纸大小为 500×500，工作栅格为 50。其余均取为默认值。

(2) 创建设计点

创建设计点可以为创建几何形体提供位置基准，而且也便于修改几何形体的位置。根据稳定平台机械系统的各个部分的实际尺寸，确定各设计点。

(3) 创建几何形体

基于前边的初步设计，并对稳定平台各个部分进行一定简化，创建几何形体。在不影响机械系统自由度和动力学特性的前提下，简化和忽略了各个零件的细节外形，如加工倒角、退刀槽等。在软件中，根据初步设计的方案选取各个部件的材料，对于某些复合材料，可以设定其密度和转动惯量。

(4) 添加约束

前边创建的几何形体是相互孤立的，相互之间没有任何关联和限制，必须要添加必要的约束。根据各个零部件的运动关系确定其约束类型，添加约束。

(5) 施加载荷

稳定平台为两轴系统，即具有两个自由度，在俯仰轴和方位轴上添加力矩载荷，并根据实际情况修改力矩方向。

(6) ADAMS 模型初步仿真

在 ADAMS 中验证系统的约束和自由度是否正确,设定主动齿轮上的力矩值,进行初步仿真,观察各零部件的运转是否合理。

至此,两轴稳定平台的机械部分建模基本完成。如果在初步仿真的过程中发现不满足要求的地方,则可以继续修改机械模型,直到机械模型满足设计要求。得到的机械模型三个视图和三维视图如图 5.13 所示。

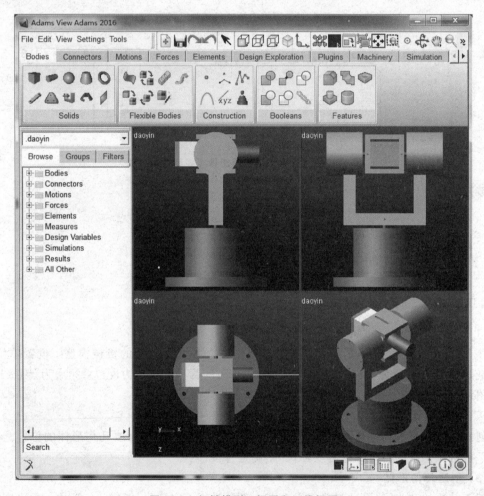

图 5.13　机械模型三视图和三维视图

2. 机械模型特性分析

在利用 ADAMS 软件机械建模完成之后,可以对机械模型的特性进行仿真分析,验证和修改机械模型的前期设计,并取得机械模型的关键参数,为后期的控制系统设计提供参考。此处以模型辨识为例,对两轴稳定平台的机械模型进行分析,并取得控制系统设计所需的关键参数。根据前面的数学建模,在控制系统设计时需要得到电机负载的转动惯量参数,该参数由两部分构成:一是电机自身输出轴的转动惯量,这一数值可以从电机手册资料中查到,其数值通常相对很小;二是框架负载的转动惯量,这是电机负载转动惯量的重要部分,框架负载的转动惯量可以通过机械模型的参数辨识得到。对两轴稳定平台机械模型的参数辨识就是要取得内、外两个框架的转动惯量参数。

两轴稳定平台具有俯仰和方位两个自由度,需要分别辨识其参数。首先在 ADAMS 环境下将外框的自由度锁定,即将外框轴处的转动副改成固定副,然后将输入力矩值设定为 step (time,0.1,0,0.101,−1),即给定单位阶跃输入,设定仿真时间 10 s,仿真步长 0.001 s。通过仿真得到内框转动角速度的输出曲线,如图 5.14 所示。

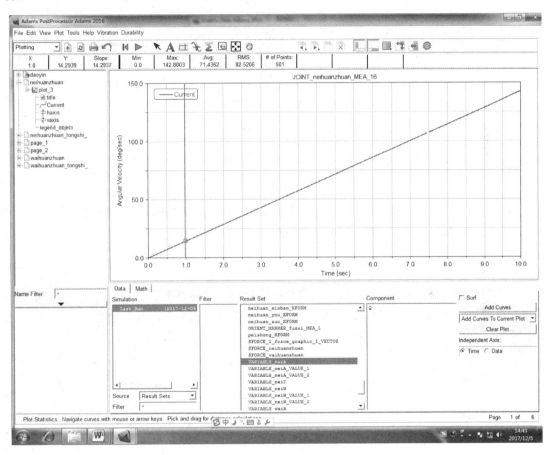

图 5.14　参数辨识输出曲线(内框)

通过初步观察和进一步的数据分析,内框转动角速度对控制力矩为一个惯性环节,其传递函数为

$$G_e(s) = \frac{1}{J_e \cdot s}$$

从 ADAMS 软件中还可以方便地读出输出曲线的斜率,从而计算出内框负载的转动惯量:

$$J_e = 4.008 \text{ kg} \cdot \text{m}^2$$

同样,将内框的自由度锁定,在外框输入单位阶跃力矩,通过仿真得到外框转动角速度的输出曲线,如图 5.15 所示。

得到外框转动角速度对控制力矩的传递函数为

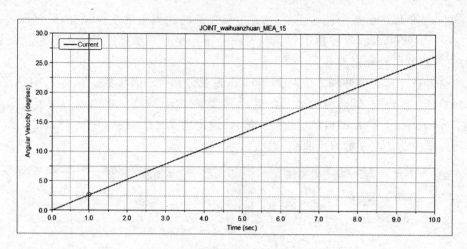

图 5.15　参数辨识输出曲线(外框)

$$G_a(s) = \frac{1}{J_a \cdot s}$$

得到外框负载的转动惯量为

$$J_a = 21.76 \text{ kg} \cdot \text{m}^2$$

　　取得了稳定平台两个框架负载的转动惯量参数,便于整个机电系统建模和控制律设计。至此,完成了两轴稳定平台机械系统的参数辨识。

5.5.3　控制系统设计与仿真

　　在控制系统设计的前期,可以将机械模型参数辨识得到的参数代入数学模型中,针对得到的被控对象数学模型进行控制律设计和初步验证,这样可以大大提高设计速度。

　　首先考查控制对象本身的特性,其内框和外框的 bode 图如图 5.16 所示。

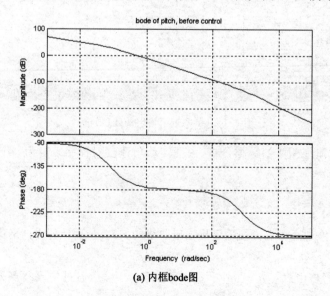

(a) 内框bode图

图 5.16　被控对象 bode 图

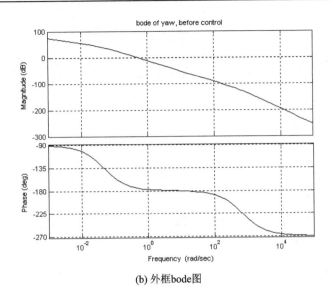

(b) 外框bode图

图 5.16　被控对象 bode 图(续)

由内框和外框的幅频特性可见,系统中频段处在-40/十倍频程,性能不理想,而且系统截止频率小,带宽小,快速性不好,不满足要求。由内框和外框的相频特性可见,系统的稳定裕度很小,相位裕度约为 9°,性能不理想。综合分析内框和外框的 bode 图可知,内框和外框均采用串连超前校正,利用超前校正拓宽频带,并使得系统的中频段处在-20/十倍频程,改善系统性能。校正网络为

$$G_c(s) = K \frac{1 + aTs}{1 + Ts} \qquad (a > 1)$$

选定内框校正参数为 $K=3, a=6, T=0.08$;外框校正参数为 $K=3, a=10, T=0.01$。校正后系统的 bode 图如图 5.17 所示,整个系统的仿真框图如图 5.18 所示。经过超前校正,

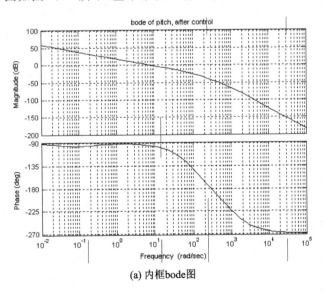

(a) 内框bode图

图 5.17　校正后的系统 bode 图

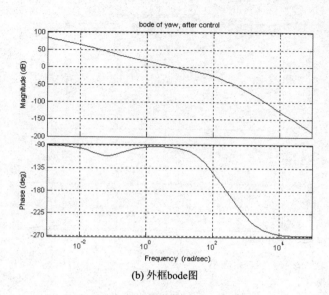

(b) 外框 bode 图

图 5.17　校正后的系统 bode 图(续)

系统的幅频特性提高了。但通过 Simulink 仿真,发现静差较大,因此,在校正网络中再加入积分环节,消除静差,提高稳态精度。

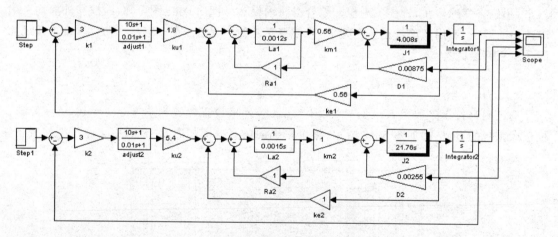

图 5.18　系统仿真框图

校正之后内框和外框的阶跃响应曲线如图 5.19 所示,内框和外框均无超调,调节时间为 ts=0.4 s,满足性能要求。

5.5.4　ADAMS 模型导入 Simulink 环境

1. 机械模型封装导出

为了在 MATLAB 中导入机械模型,进行联合仿真,还需要对前面建立的机械模型进行封装、导出等处理。

(1) 在 ADAMS 中添加输入、输出变量

在 ADAMS 中添加载荷可以在 ADAMS 环境中进行初步的机械模型仿真,但是为了与

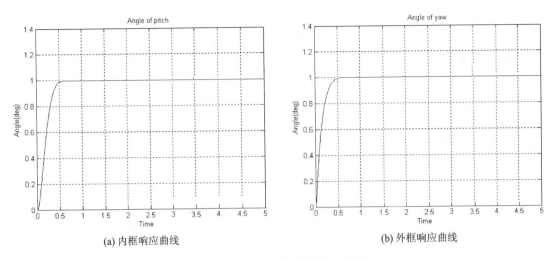

(a) 内框响应曲线　　　　　　　　　　(b) 外框响应曲线

图 5.19　校正后的阶跃响应曲线

MATLAB 联合仿真,需要添加 ADAMS 模块的输入、输出变量。稳定平台具有 2 个输入变量,即内框驱动力矩、外框驱动力矩;具有 4 个输出变量,即内框转动角速度、内框转角、外框转动角速度以及外框转角。添加状态变量,如图 5.20 所示。

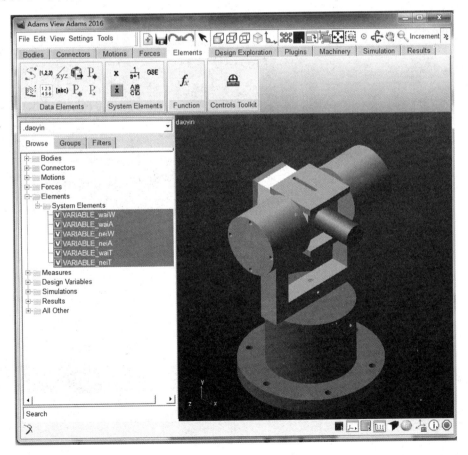

图 5.20　添加输入、输出变量

.daoyin.VARIABLE_neiT——内框输入力矩；

.daoyin.VARIABLE_waiT——外框输入力矩；

.daoyin.VARIABLE_neiW——内框输出角速度；

.daoyin.VARIABLE_neiA——内框输出角度；

.daoyin.VARIABLE_waiW——外框输出角速度；

.daoyin.VARIABLE_waiA——外框输出角度。

修改内、外框输出角速度和输出角度（如图 5.21 所示）如下：

WZ(MARKER_neidianji_you，MARKER_neihuanzhou_you，MARKER_neidianji_you)

AZ(MARKER_neidianji_you，MARKER_neihuanzhou_you)

WZ(MARKER_waidianji，MARKER_waihuanzhou，MARKER_waidianji)

AZ(MARKER_waidianji，MARKER_waihuanzhou)

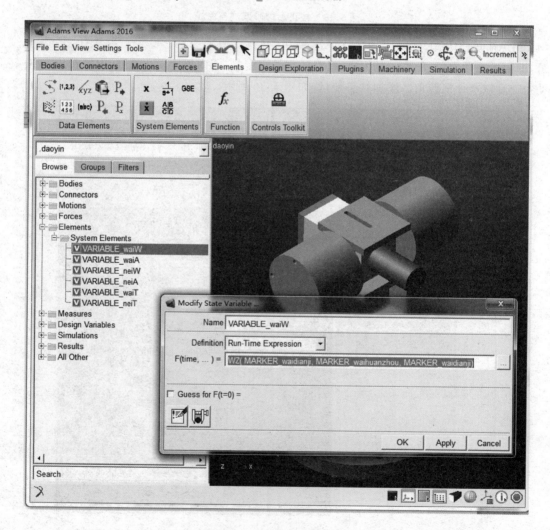

图 5.21　修改输出变量参数

修改内、外框驱动轴上的力矩值(如图 5.22 所示),如下:

VARVAL(.daoyin.VARIABLE_neiT)

VARVAL(.daoyin.VARIABLE_waiT)

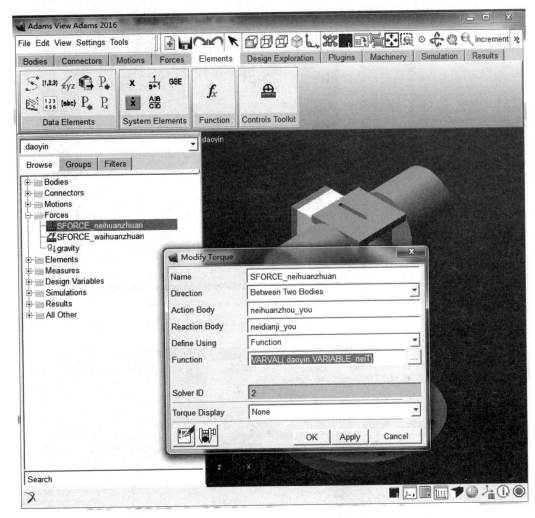

图 5.22　修改驱动力矩

(2) 在 ADAMS 中导出机械模型

在 Adams View Adams 2016 窗口中执行 Tools→Plugin Manager 命令,加载 Adams Control 模块(如图 5.23 所示),并再次核实输出、输入变量。

加载 Adams Control 模块后,在 Plugins 选项卡中执行 Plant Export 命令,添加模块输入和输出参数,如图 5.24 所示。

机械模型包括 Controls_Plant_1.m、Controls_Plant_1.cmd、Controls_Plant_1.adm 以及 aviewAS.cmd 文件。

(3) 在 MATLAB 中导入机械模型

打开 MATLAB,在命令窗口中输入 ADAMS 的导出文件名 Controls_Plant_1,出现如下信息:

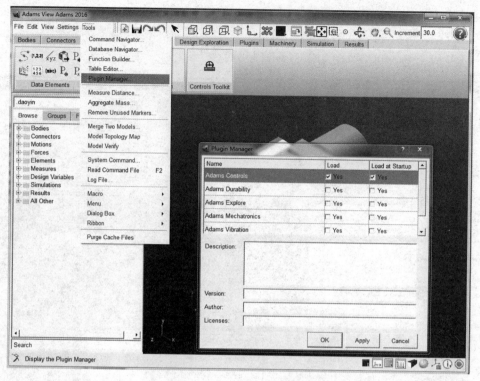

图 5.23　加载 Adams Control

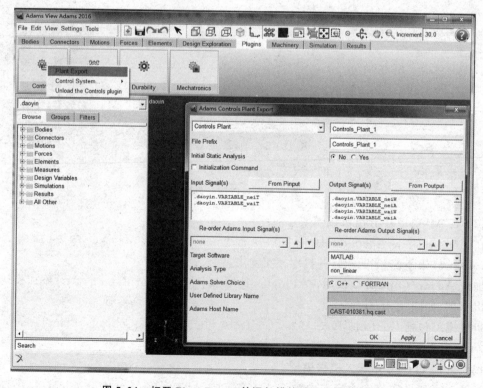

图 5.24　打开 Plant Export 并添加模块输入和输出参数

```
% % % INFO：ADAMS plant actuators names：
1 VARIABLE_neiT
2 VARIABLE_waiT
% % % INFO：ADAMS plant sensors    names：
1 VARIABLE_neiW
2 VARIABLE_neiA
3 VARIABLE_waiW
4 VARIABLE_waiA
```

说明导入模型成功,在命令窗口输入 whos,可以看到文件中定义的变量如下:

Name	Size	Bytes	Class	Attributes
ADAMS_cwd	1x37	74	char	
ADAMS_exec	0x0	0	char	
ADAMS_host	1x19	38	char	global
ADAMS_init	0x0	0	char	
ADAMS_inputs	1x27	54	char	
ADAMS_mode	1x10	20	char	
ADAMS_outputs	1x55	110	char	
ADAMS_pinput	1x28	56	char	
ADAMS_poutput	1x29	58	char	
ADAMS_prefix	1x16	32	char	
ADAMS_solver_type	1x3	6	char	
ADAMS_static	1x2	4	char	
ADAMS_sysdir	1x24	48	char	global
ADAMS_uy_ids	6x1	48	double	
ADAMS_version	1x4	8	char	
ans	1x20	40	char	
arch	1x5	10	char	
flag	1x1	8	double	
machine	1x7	14	char	
topdir	1x40	80	char	

另外,也可在命令窗口输入 adams_sys,弹出如图 5.25 所示控制模块。

图 5.25 说明导入成功,这里的 adams_sub 即为机械模块,可以直接拖入 MATLAB 的 Simulink 环境下使用。

5.5.5　Simulink 与 ADAMS 联合仿真及结果

完成了机械模型的导出和导入之后,就可以在 MATLAB 的 Simulink 环境建立系统仿真图,然后将 adams_sub 模块拖入,构成如图 5.26 所示系统。

双击 adams_sub 模块,即可设置仿真参数。若将 Animation mode 设置为 batch,则表示选择批处理联合仿真模式,即在联合仿真过程中,计算机后台处理机械模块的运算,不可见机械模块动画;若将 Animation mode 设置为 interactive,则表示选择交互式联合仿真模式,即在联合仿真过程中调出 ADAMS 环境,可见机械模块动画。

得到的内、外框输出角速度曲线如图 5.27 所示。系统无超调,调节时间 ts=0.5 s,满足性能要求。

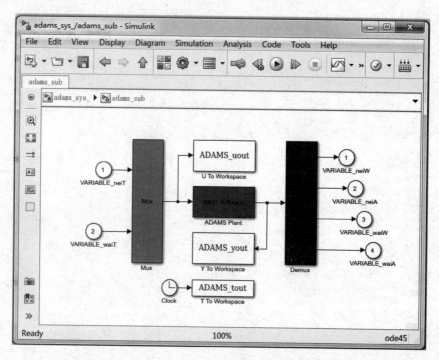

图 5.25 在 MATLAB 中打开的控制模块

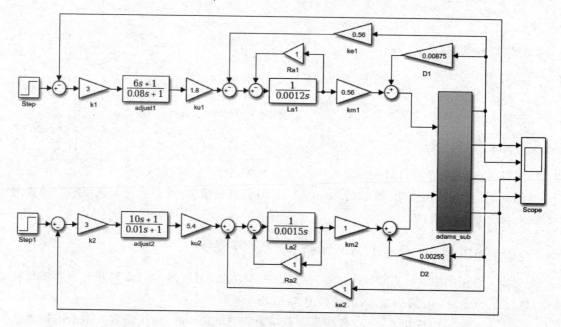

图 5.26 联合仿真系统框图

　　以上即为 MATLAB 和 ADAMS 联合开展虚拟样机设计仿真的全过程,二者结合即可实现复杂精细机械模型设计,同时又能完成系统参数辨识和控制系统设计,并能够演示控制与机械系统的执行动作情况。

　　综上可知,现在随着科学技术的发展,MATLAB 软件的应用已经逐步深入到工程应用更

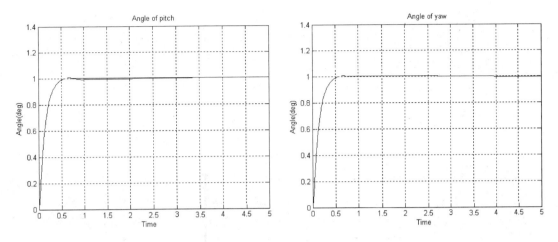

图 5.27　校正后联合仿真系统响应

为广泛的领域。

5.6　本章小结

在前几章介绍的 MATLAB 的基本概念与运算、图形图像制作、控制系统专用指令和 Simulink 仿真环境的基础上，本章介绍了几个综合应用例题，包括符号运算、控制系统设计、MATLAB 与 ADAMS 联合应用的系统设计、调试与仿真验证过程。

后　记

　　本书简明、扼要、较全面地介绍了 MATLAB 在矩阵运算、符号运算、图形化程序和动画制作、自动控制与仿真等方面的基本运算法则、相关命令及应用例题。在符号运算、海量数据处理、计算机控制系统设计、多种复杂系统的 Simulink 仿真方面，侧重应用，通过应用例题扩展了 MATLAB 的应用。尤其是 MATLAB 与 ADAMS 软件链接使用，可以完成虚拟样机设计仿真的全过程，更具工程意义。读者通过认真阅读、学习、掌握本书内容，对今后的学习和工程开发都大有裨益。在熟练应用的基础上进一步开发，MATLAB 软件可以完成大多数复杂工程项目的研究、实现和验证等。

　　MATLAB 确实是一个功能强大的工具库，可以帮助我们实现工程上的美好预期。目前，MATLAB 已应用于：航空航天领域，如卫星姿态和轨迹的控制、航空飞行器的设计与仿真、超高声速飞行器的研制、导弹的控制制导与仿真验证等；工业过程控制，如水位、炉温、多级倒立摆、机器人控制以及工业过程的监控与管理等；三维动画显示方面，如飞行器的空中飞行、进场着陆，空间机器人的太空行走、抓取重物等。

　　MATLAB 软件还在不断地发展和更新，目前每年更新两次。每一次更新版本都会增加一些新的工具箱，或提高原有工具箱的运算能力与水平。另外，随着 MATLAB 在各个工业领域影响的日益深入，对 MATLAB 软件的实时化的要求越来越高。目前，与 MATLAB 实时化配套的有德国的 DSPACE 硬件系统，它提供了将程序直接从 MATLAB 环境变为 C 代码下载到 DDSPACE 硬件系统中并即时实现实时仿真的功能，从而避免了用户自行将 MATLAB 程序编制为 C 程序的过程。在 MATLAB 程序的实时化方面，还需要做深入的研究工作。

　　科学在不断地发展，MATLAB 也在不断改进。感谢那些将 MATLAB 不断改进和升级的教授、学者、工程师们，为我们提供了这一功能强大的工程应用软件。同时，我们也应当更加深入地探索 MATLAB 的新应用，以更好地服务于科学研究和工程实践。

作　者

2018 年 4 月

参考文献

[1] 罗杰·W·普拉特. 飞行控制系统设计和实现中的问题[M]. 陈宗基,张平,等译. 上海:上海交通大学出版社,2016.

[2] 高亚奎,朱江,林皓,等. 飞行仿真技术[M]. 上海:上海交通大学出版社,2015.

[3] 张志涌,杨祖樱,等. MATLAB 教程[M]. 北京:北京航空航天大学出版社,2015.

[4] 薛定宇,陈阳泉. 基于 MATLAB/Simulink 的系统仿真与应用[M]. 2 版. 北京:清华大学出版社,2011.

[5] 张志涌,等. 精通 MATLAB R2011a[M]. 北京:北京航空航天大学出版社,2011.

[6] 薛定宇. 控制系统计算机辅助设计——MATLAB 语言与应用[M]. 3 版. 北京:清华大学出版社,2012.

[7] 高金源,夏洁,张平,等. 计算机控制系统[M]. 北京:高等教育出版社,2010.